Anja Backen
Epitaktische Schichten der Formgedächtnislegierung Ni-Mn-Ga für die Anwendung in Mikrosystemen

TUDpress

Anja Backen

Epitaktische Schichten der Formgedächtnislegierung Ni-Mn-Ga für die Anwendung in Mikrosystemen

TUDpress

2013

Die vorliegende Arbeit wurde am 21. Januar 2013 an der Fakultät Maschinenwesen der Technischen Universität Dresden als Dissertation eingereicht und am 19. Juli 2013 erfolgreich verteidigt.

Gutachter:
Prof. Dr. rer. nat. Ludwig Schultz
Prof. Dr.-Ing. Jeffrey McCord

Bibliografische Information der Deutschen Nationalbibliothek
Die Deutsche Nationalbibliothek verzeichnet diese Publikation in der Deutschen Nationalbibliografie; detaillierte bibliografische Daten sind im Internet über http://dnb.d-nb.de abrufbar.

Bibliographic information published by the Deutsche Nationalbibliothek
The Deutsche Nationalbibliothek lists this publication in the Deutsche Nationalbibliografie; detailed bibliographic data are available in the Internet at
http://dnb.d-nb.de.

ISBN 978-3-944331-22-5

Verlag der Wissenschaften GmbH
Bergstr. 70 | D-01069 Dresden
Tel.: 0351/47 96 97 20 | Fax: 0351/47 96 08 19
http://www.tudpress.de

Gesetzt vom Autor.
Printed in Germany.

Epitaktische Schichten der Formgedächtnislegierung Ni-Mn-Ga für die Anwendung in Mikrosystemen

Dissertation

zur Erlangung des akademischen Grades

Doktoringenieur

(Dr.-Ing.)

vorgelegt von

Dipl.-Ing. Anja Backen

geboren am 11. September 1983 in Großenhain

Fakultät Maschinenwesen

der Technischen Universität Dresden

1. Gutachter: Prof. Dr. rer. nat. Ludwig Schultz

Direktor des Institutes für Metallische Werkstoffe und
Wissenschaftlicher Direktor des Leibniz-Institutes für Festkörper- und Werkstoffforschung (IFW) Dresden e.V.
Helmholtzstraße 20
01069 Dresden

2. Gutachter: Prof. Dr.-Ing. Jeffrey McCord

Professor für Nanoskalige Magnetische Materialien und
Magnetische Domänen am Institut für Materialwissenschaft
Christian-Albrecht-Universität zu Kiel
Kaiserstraße 2
24143 Kiel

Eingereicht am: 21.01. 2013
Verteidigt am: 19.07. 2013

Inhaltsverzeichnis

1 Einleitung

Formgedächtnislegierungen gehören zu einer Gruppe von aktiven Materialien, deren Ausdehnung gezielt durch Änderung der äußeren Umgebung beeinflusst werden kann. Der thermische Formgedächtniseffekt basiert auf der durch eine Temperaturänderung induzierten Phasenumwandlung von einer hochsymmetrischen Hochtemperaturphase Austenit zur niedrigsymmetrischen Tieftemperaturphase Martensit. Der Effekt wurde bereits Mitte des 20. Jahrhunderts entdeckt [Cha51, Bue63] und ist bei konventionellen Formgedächtnislegierungen wie z. B. Ni-Ti mit einer Dehnung von bis zu 10 % verknüpft [Sab84]. Da die Temperaturänderung die treibende Kraft darstellt und die Wärmeabfuhr nur langsam realisiert werden kann, kann der Effekt nur bei niedrigen Frequenzen angewandt werden. Für höhere Frequenzen sind Piezokeramiken von Vorteil, da hier eine Längenänderung durch ein elektrisches Feld induziert werden kann. Der Nachteil von Piezokeramiken im Vergleich zu Formgedächtnismaterialien liegt jedoch in der um eine Größenordnung geringeren Dehnung, die im Fall von PMN-PT ca. 1,7 % beträgt [Par97].
Die magnetische Formgedächtnislegierung (*Magnetic Shape Memory*, MSM) Ni-Mn-Ga vereint die Vorteile von thermischen Formgedächtnislegierungen und Piezokeramiken, da hier hohe Dehnungen mit einer hohen Frequenz kombinierbar sind. Wie auch im Fall von konventionellen Formgedächtnislegierungen kann bei Ni-Mn-Ga eine martensitische Umwandlung beobachtet werden. Der MSM-Effekt bzw. MIR-Effekt (*Magnetically Induced Reorientation*) basiert jedoch darauf, dass im martensitischen Zustand, d. h. bei konstanter Temperatur, eine Gefügeänderung im äußeren Magnetfeld eine makroskopische Längenänderung von bis zu 10 % bewirken kann [Soz02]. Da die zyklische Beanspruchung auf der Änderung des magnetischen Feldes beruht und damit im Gegensatz zu thermischen Formgedächtnislegierungen keine latente Wärme umgesetzt werden muss, können Frequenzen von 250 Hz [Aal10b] und in gepulsten Magnetfeldern bis zu 2 kHz [Mar03] erreicht werden. Der MIR-Effekt wurde erstmals in den 1960er Jahren für Dy und andere Seltene Erden entdeckt [Rhy68], führte aber aufgrund der benötigten tiefen Temperatur von 4,2 K und hohen Feldstärke oberhalb von 10 T nicht zu weitergehenden Untersuchungen. Das Anwendungs-

potential von MSM-Materialien trat erst im Jahr 1996 in den Vordergrund, als Ullakko *et al.* [Ull96] in Ni_2MnGa-Einkristallen eine magnetisch-induzierte Dehnung von 0,19 % bei 265 K zeigen konnten. Dies bildete die Basis für weitergehende Untersuchungen von nicht-stöchiometrischen Ni-Mn-Ga-Legierungen mit höheren Umwandlungstemperaturen. Im Jahr 2002 konnten Sozinov *et al.* [Soz02] eine magnetisch-induzierte Dehnung von 9,5 % bei Raumtemperatur in $Ni_{48,8}Mn_{29,7}Ga_{21,5}$-Einkristallen nachweisen. Erste Aktorkonzepte zur technischen Nutzung der in einkristallinen Massivmaterialien erzielbaren Dehnungen wurden bereits umgesetzt [Gul08, Tec09]. Diese konnten sich jedoch wegen des hohen Materialpreises noch nicht in großtechnischen Anwendungen durchsetzen. Die Vorteile von Ni-Mn-Ga liegen daher im Bereich der Mikrosystemanwendungen, da man hier aufgrund der hohen Dehnungen auf den Einbau zusätzlicher Getriebemechanismen verzichten kann. Dadurch kann der Aufbau des Aktors relativ einfach gehalten werden. Zusätzlich wird das Anwendungspotential von MSM-Aktoren weiter gesteigert, da zwei verschiedene Effekte nebeneinander ausgenutzt werden können, die jeweils mit einer hohen Dehnung verknüpft sind. Dabei handelt es sich zum einen um die strukturelle Phasenumwandlung von Austenit zu Martensit bei Änderung der Temperatur und zum anderen um den magnetischen Formgedächtniseffekt bei konstanter Temperatur im martensitischen Zustand [Koh06].
Für den Einsatz von Ni-Mn-Ga in Mikrosystemen ist die Entwicklung dünner Folien bzw. Schichten notwendig, die auf verschiedene Weise hergestellt werden können. Die *Top-Down*-Methode beruht dabei auf dem Schneiden von Einkristallen. Die Scheiben werden anschließend durch eine Reihe von mechanischen und chemo-mechanischen Polierschritten [Khe10] bzw. durch Schleifen und anschließendes Elektropolieren [Hec08a] gedünnt. Das Verfahren ist aufgrund des hohen Materialverlustes beim Dünnen jedoch nicht kosteneffizient. Eine andere Möglichkeit ist das Abscheiden dünner Schichten auf geeigneten Substraten, die als *Bottom-Up*-Methode bezeichnet wird und auch im Rahmen dieser Arbeit verfolgt wurde. Dabei liegt das Hauptaugenmerk auf der Herstellung epitaktischer Schichten, weil deren Struktur denen von Einkristallen am nächsten kommt. Da eine makroskopische Längenänderung der Schicht auf dem Substrat blockiert wird, müssen die Schichten nachträglich vom Substrat abgelöst werden.
Das Ziel der vorliegenden Arbeit ist es, einen Weg zu freistehenden, für die Anwendung geeigneten Ni-Mn-Ga-Schichten aufzuzeigen. Nach grundlegenden Betrachtungen zum magnetischen Formgedächtniseffekt, der MSM-Legierung Ni-Mn-Ga und den Besonderheiten von dünnen Ni-Mn-Ga-Schichten in Kapitel 2, werden in Kapitel 3 die Schichtherstellung mittels Kathodenzerstäubung und die verschiedenen Charakterisierungsmethoden vorge-

stellt. Kapitel 4 befasst sich mit Schichten auf dem Substrat, in denen verschiedene Zwillingsgrenzentypen auftreten. Diese Typen werden hinsichtlich ihrer Morphologie, Struktur und magnetischen Eigenschaften umfassend charakterisiert. Die möglichen Ursachen für das Auftreten der verschiedenen Zwillingsgrenzentypen werden ebenso diskutiert wie die Konsequenzen der Zwillingsgrenzenorientierung auf die Beweglichkeit bei Einwirken eines äußeren Magnetfeldes. Kapitel 5 beschreibt einen Ansatz zur Bestimmung der Grenzflächenenergie der beobachteten Zwillingsgrenzen. Das Ablösen der Schichten vom Substrat steht in Kapitel 6 im Vordergrund. Dabei werden verschiedene Verfahren vorgestellt und die Vorteile des verwendeten Opferschicht-Verfahrens näher erläutert. Der Einfluss des Ablösens auf Morphologie, Struktur und magnetische Eigenschaften wird anhand eines Vergleiches der Schicht auf dem Substrat und der abgelösten Schicht gezeigt. In Kapitel 7 werden die freistehenden Schichten mittels Zugversuchen mechanisch charakterisiert. Außerdem werden erste Trainingsergebnisse vorgestellt, die mit einer im Rahmen dieser Arbeit konzipierten Trainingsanlage für dünne Schichten erzielt wurden.

2 Die magnetische Formgedächtnislegierung Ni-Mn-Ga

Magnetische Formgedächtnislegierungen (*Magnetic Shape Memory*, MSM) gehören zu einer Gruppe von aktiven Materialien, bei denen durch Anlegen eines äußeren Magnetfeldes Dehnungen von mehreren Prozent erreicht werden können. Der folgende Abschnitt behandelt die grundlegenden Prinzipien des magnetischen Formgedächtniseffekts. Anschließend werden Phasenbildung, Struktur, magnetische und mechanische Eigenschaften von Ni-Mn-Ga-Massivmaterialien näher vorgestellt. Im letzten Abschnitt werden die Besonderheiten dünner epitaktischer Ni-Mn-Ga-Schichten erläutert.

2.1 Der magnetische Formgedächtniseffekt

Der magnetische Formgedächtniseffekt basiert auf der Umorientierung einer niedrigsymmetrischen Kristallstruktur durch ein äußeres Magnetfeld. Dabei können hohe Dehnungen von bis zu 10 % erreicht werden [Soz02]. Das Prinzip des Formgedächtniseffekts ist in Abb. 2.1 schematisch dargestellt. Ein äußeres Magnetfeld $\boldsymbol{H}$ wird entlang der magnetisch schweren Kristallachse (hier a) angelegt. Anstelle einer Rotation der magnetischen Momente aus der magnetisch leichten c-Achse in Richtung des äußeren Feldes kann es bei magnetischen Formgedächtnislegierungen energetisch günstiger sein, die magnetisch leichte Achse entlang der Feldrichtung auszurichten. Diese Umorientierung der Kristallstruktur erfolgt durch Bewegung von Zwillingsgrenzen durch den Kristall. Daraus ergeben sich bestimmte Anforderung an das Material:

1. Das Material muss einen Phasenübergang von einer hochsymmetrischen Hochtemperaturphase, dem Austenit, zu einer niedrigsymmetrischen Tieftemperaturphase, den Martensit, aufweisen. Die maximal erreichbare Dehnung $\varepsilon_{\mathrm{max}}$ kann im Martensit durch Umorientierung eines Einvariantenzustandes einer Kristallorientierung in einen Einvariantenzustand der anderen Kristallorientierung erreicht werden. Der

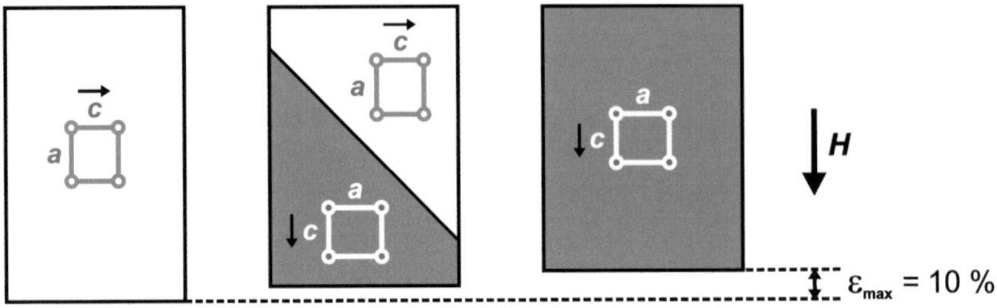

Abb. 2.1: Die schematische Darstellung des magnetischen Formgedächtniseffekts zeigt die magnetfeldinduzierte Umorientierung von Martensitvarianten. Dabei können Dehnungen von bis zu 10 % erreicht werden.

Dehnungswert richtet sich nach der tetragonalen Verzerrung c/a der Martensitphase und beträgt $\varepsilon_{\text{max}} = (1 - c/a) \cdot 100\,\%$.

2. Die Umorientierung der Elementarzellen basiert auf der energetischen Bevorzugung eines Martensitvarianten im Magnetfeld. Aus diesem Grund muss das Material bei der anwendungsrelevanten Temperatur ferromagnetisch sein. Außerdem ist eine hohe magnetokristalline Anisotropie des Materials notwendig.

3. Die mechanische Spannung, die notwendig ist, um vorhandene Zwillingsgrenzen zu bewegen bzw. gegebenenfalls Zwillingsgrenzen im Material zu nukleieren, muss vom äußeren Magnetfeld aufgebracht werden. Die von einem äußeren Magnetfeld überwindbare mechanische Spannung ist jedoch begrenzt und abhängig von der magnetokristallinen Aniostropie des Materials und der tetragonalen Verzerrung der Elementarzelle. Im Fall von Ni_2MnGa beträgt der Maximalwert für magnetfeldinduzierte Bewegung bzw. Nukleation von Zwillingsgrenzen ca. 2 MPa [Mül02].

2.2 Eigenschaften von Ni-Mn-Ga-Massivmaterialien

2.2.1 Klassifizierung und Struktur der auftretenden Phasen

Die stöchiometrische Ni_2MnGa-Legierung weist einen martensitischen Phasenübergang bei einer Temperatur von $T_M = 202\,K$ auf [Web84]. Liegt eine perfekte chemische Ordnung vor, so entspricht die kubische Austenitphase von Ni_2MnGa einer $L2_1$-Heusler-Struktur. Diese ist in Abb. 2.2 schematisch dargestellt. Die Struktur kann durch vier ineinander verschach-

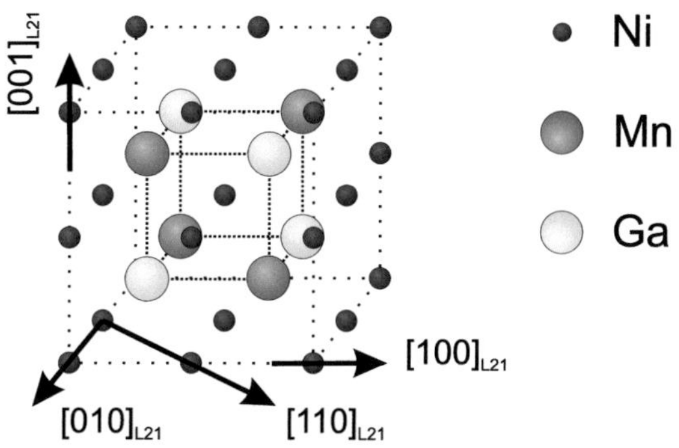

Abb. 2.2: Bei perfekter chemischer Ordnung kann austenitisches Ni_2MnGa als $L2_1$-geordnete Heusler-Struktur beschrieben werden. Das Gitter setzt sich aus vier ineinander verschachtelten kfz-Gittern zusammen (2 × Ni, 1 × Mn, 1 × Ga).

telte kubischflächenzentrierte (kfz) Gitter beschrieben werden. Die kubische Hochtemperaturphase Austenit wandelt sich bei Unterschreiten der Martensit-Start-Temperatur M_S in eine tetragonale bzw. orthorhombische Martensitphase um. In nichtstöchiometrischen Ni-Mn-Ga-Legierungen sind sowohl die Umwandlungstemperatur [Che99] als auch die entstehende Martensitphase [Lan04] stark von der Zusammensetzung abhängig. Diese Zusammensetzungsabhängigkeit wird bei Einkristallen häufig mit dem auf Hume-Rothery [HR69, Haa84] zurückgehende Konzept der Valenzelektronenkonzentration e/a [Che99] beschrieben und ergibt sich für Ni-Mn-Ga-Legierungen aus

$$e/a = \frac{10 \cdot c_{\mathrm{Ni}} + 7 \cdot c_{\mathrm{Mn}} + 3 \cdot c_{\mathrm{Ga}}}{100\,\%}. \tag{2.1}$$

Dabei bezeichnen c_{Ni}, c_{Mn} und c_{Ga} die Konzentrationen von Ni, Mn und Ga in Atomprozent.

Die in Ni-Mn-Ga-Legierungen beobachteten Martensitphasen unterscheiden sich hinsichtlich ihrer Kristallstruktur, ihrer tetragonalen Verzerrung c/a und ihrem Stabilitätsbereich, wie in Tab. 2.1 zusammengefasst. Die prämartensitische modulierte 6M-Phase wurde in Ni-Mn-Ga-Legierungen nahe der stöchiometrischen Zusammensetzung beobachtet. Während der Austenit-Martensit-Umwandlung kann es bei Temperaturen oberhalb der eigentlichen Martensit-Start-Temperatur zur Bildung dieser intermediären Phase kommen. Mithilfe von Neutronenbeugung wurde die orthorhombische Struktur und das c/a-Verhältnis zu 0,993 bestimmt [Ohb05]. Die metastabilen 10-fach und 14-fach modulierten Strukturen 10M

Tab. 2.1: Die in Ni-Mn-Ga-Legierungen auftretenden Martensitphasen unterscheiden sich hinsichtlich ihrer Struktur, tetragonalen Verzerrung c/a und des Stabilitätsbereiches bezüglich des e/a-Verhältnisses.

Phase	Struktur	c/a	Stabilitätsbereich
6M	Orthorhombisch	0,993	$e/a \approx 7{,}5$
10M	Orthorhombisch	0,94	$e/a \leq 7{,}71$
14M	Orthorhombisch	0,89	$7{,}61 \leq e/a \leq 7{,}71$
NM	Tetragonal	1,22	$e/a \geq 7{,}61$

bzw. 14M zeichnen sich durch eine leichte Verschiebung von Atomlagen zueinander aus. Dabei werden im Fall des 10M-Martensits drei Atomlagen in eine und zwei Atomlagen in die entgegengesetzte Richtung verschoben. Bei perfekter chemischer Ordnung sind zwei dieser Stapelfolgen notwendig, um die Translationssymmetrie zu gewährleisten. Die Modulation kann mithilfe der Zhodanov-Notation beschrieben werden und entspricht für 10M einer $(3\overline{2})_2$-Stapelung dichtest gepackter Ebenen [Ots98]. Das c/a-Verhältnis von 10M beträgt 0,94 [Rig07]. Die 14M-Struktur wird in orthorhombischer Näherung mit $c/a = 0{,}89$ beschrieben [Hec09]. Die Modulation der Atomlagen entspricht hier einer $(5\overline{2})_2$-Stapelung [Pon00]. Der Stabilitätsbereich für die 10- und 14-fach modulierten Martensitphasen liegt bei Zusammensetzungen mit $e/a \leq 7{,}71$. Genauere Messungen [Rig07, Rig08] zeigen häufig, dass die modulierten Strukturen eine zusätzliche monokline Verzerrung aufweisen. Für die Interpretation der hier durchgeführten Experimente ist jedoch die orthorhombische Näherung ausreichend. Für $e/a \geq 7{,}61$ tritt auch der nicht-modulierte NM-Martensit auf [Lan04]. Die tetragonale Einheitszelle von NM ($a_{NM} = b_{NM} \neq c_{NM}$) zeigt ein c/a-Verhältnis von ca. 1,22 [Pon00].

Konzept des adaptiven Martensits

Das Konzept des adaptiven Martensits stellt eine alternative Beschreibung der Modulation in Ni-Mn-Ga-Legierungen dar. Das Konzept wurde erstmals von Khachaturyan *et al.* [Kha91] aufgestellt. Anhand geometrischer Betrachtungen wird die Bildung eines fein verzwillingten Martensit-Gefüges an der Grenzfläche zwischen Austenit und Martensit erklärt, das der Verringerung der elastischen Energie an der Grenzfläche dient. Kaufmann *et al.* [Kau10] zeigten, dass dieses Konzept auf die modulierte 14M-Phase von Ni-Mn-Ga anwendbar ist. Hier wird 14M als adaptive Phase beschrieben, die aus Bausteinen des nicht-modulierten Martensits besteht. Die NM-Bausteine sind periodisch aneinandergesetzt und durch Nanozwillingsgrenzen der NM-Phase miteinander verbunden. Dabei entspricht die

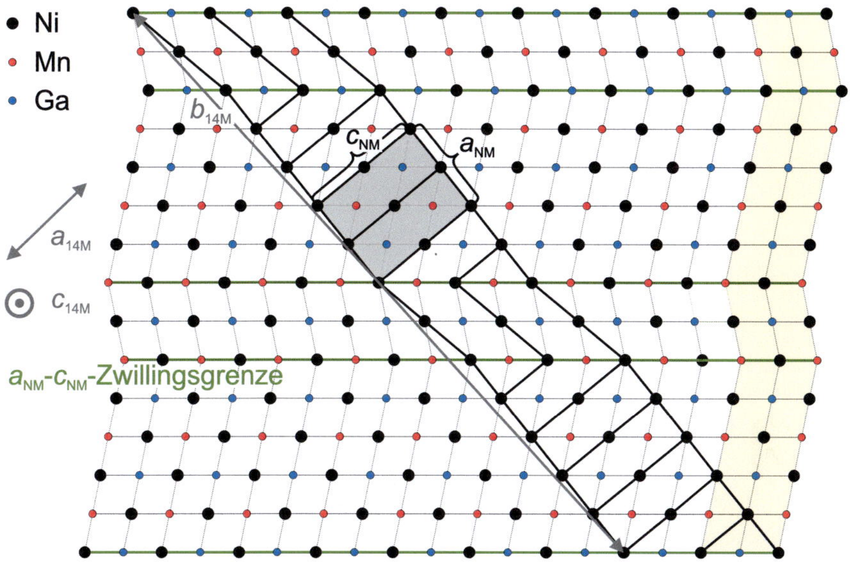

Abb. 2.3: Die adaptive Beschreibung der orthorhombischen 14M-Elementarzelle zeigt die $(5\overline{2})_2$-Stapelung von NM-Atomlagen, die durch Zwillingsgrenzen miteinander verbunden sind. Die Elementarzelle des tetragonalen NM-Martensit ist grau hinterlegt, die NM-Zwillingsgrenzen sind als grüne Linien dargestellt. Die alternative Beschreibung der Modulation durch Verschiebung von Atomlagen zueinander ist gelb hinterlegt [Kau10].

Periode einer $(5\overline{2})_2$-Stapelung von NM-Atomlagen. Die 14M-Phase ist in Abb. 2.3 schematisch als adaptive Phase dargestellt, die zugrunde liegende NM-Elementarzelle ist grau hinterlegt. Die Beschreibung der 14-fachen Modulation in Form von Verschiebungen von Atomlagen gegeneinander ist ebenfalls in Abb. 2.3 eingezeichnet, die so entstehende Elementarzelle ist gelb hinterlegt. Der Übergang von 14M zu einer nicht-modulierten Struktur erfolgt nach dem Konzept des adaptiven Martensits durch Vergröberung der NM-Varianten. Nach Kaufmann *et al.* [Kau11] erfolgt diese Vergröberung durch eine wiederholte Verdoppelung der Stapelfolge, die die Annihilation von Zwillingsgrenzen erfordert. Der so entstandene makroskopische NM-Martensit unterscheidet sich vom modulierten 14M-Martensit nur in der Dichte der NM-Zwillingsgrenzen. Die Umwandlung von 14M zu NM wird häufig als intermartensitischer Übergang beschrieben. Dieser kann durch äußere mechanische Spannungen induziert werden, was nach dem adaptiven Konzept einer spannungsinduzierten Umorientierung von NM-Varianten entspricht. Häufig kann die Umwandlung von moduliertem in

nicht-modulierten Martensit bei Verringerung der Temperatur beobachtet werden [Mar95]. Der Übergang ist nicht reversibel, die modulierte Phase kann erst durch erneutes Kühlen aus der Austenitphase wiederhergestellt werden [Mar95].
Das Konzept des adaptiven Martensits kann auch auf den 10-fach modulierten Martensit ausgeweitet werden. Dabei unterscheiden sich 10M und 14M sowohl in der Stapelfolge als auch in der tetragonalen Verzerrung der zugrunde liegenden NM-Bausteine [Kau10].

2.2.2 Magnetische Eigenschaften

Die Curie-Temperatur T_C kennzeichnet den Übergang zwischen paramagnetischer Hochtemperaturphase und ferromagnetischer Tieftemperaturphase. Für stöchiometrisches Ni_2MnGa beträgt $T_C = 376\,K$ [Web84]. Im Gegensatz zur martensitischen Übergangstemperatur ist die Curie-Temperatur kaum abhängig von der Zusammensetzung [Che99]. Das magnetische Moment pro Elementarzelle wird bei Ni-Mn-Ga-Legierungen hauptsächlich von den Mn-Atomen bestimmt. In der $L2_1$-geordneten Heusler-Struktur koppeln Mn-Atome auf regulären Mn-Plätzen ferromagnetisch zueinander [Heu03]. Das magnetische Moment der Ni-Atome spielt hier eine untergeordnete Rolle und trägt kaum zum magnetischen Moment pro Elementarzelle bei [Web84].
Die kubische Austenitphase zeigt eine schwache magnetokristalline Anisotropie, wobei die <100>-Richtungen den magnetisch leichten Achsen entsprechen. Die Anisotropiekonstante K_1 von Austenit liegt im Bereich von $10^3\,J/m^3$ [Tic99]. Nach der martensitischen Umwandlung steigt die Anisotropiekonstante um zwei Größenordnungen an [Tic99, Mur00]. Die martensitischen Phasen zeigen ausgeprägte magnetokristalline Anisotropien, mit den kurzen Achsen der Elementarzelle als magnetisch leichte Achsen. So zeigen die modulierten Phasen 10M und 14M uniaxiale Kristallanisotropien mit magnetisch leichter c-Achse, während in der tetragonalen NM Struktur eine magnetisch leichte a-a-Ebene vorliegt [Hec03b].

2.2.3 Pseudoelastizität und Pseudoplastizität

Die Antwort von Ni-Mn-Ga auf eine von außen angelegte mechanische Spannung ist davon abhängig, ob sich das Material im austenitischen oder im martensitischen Zustand befindet. Man unterscheidet hier zwischen pseudoelastischem und pseudoplastischem Verhalten, die im Folgenden kurz vorgestellt werden.

Pseudoelastizität Die martensitische Umwandlung bei Ni-Mn-Ga-Einkristallen kann durch Anlegen einer uniaxialen Druckspannung zu höheren Temperaturen verschoben werden. Im Umkehrschluss bedeutet dies, dass die martensitische Phase bei konstanter Temperatur durch eine äußere mechanische Spannung stabilisiert werden kann. Demnach kann auch die Austenit-Martensit-Umwandlung durch Anlegen einer äußeren Spannung induziert werden. Dieses Verhalten kann in Spannungs-Dehnungs-Kurven beobachtet werden und ist in Abb. 2.4 a schematisch dargestellt. Wirkt auf den Austenit eine mechanische Spannung, so zeigt er anfangs ein rein elastisches Verhalten, wobei der Anstieg in der Spannungs-Dehnungs-Kurve dem Elastizitätsmodul E des Austenits entspricht. Ab einem kritischen Wert bleibt die Spannung konstant, während die Dehnung weiter ansteigt. Dieses Spannungsplateau stellt die Umwandlung von kubischem Austenit in tetragonalen bzw. orthorhombischen Martensit dar. Die hohe Dehnung während des Plateaus entsteht durch die Umorientierung des gerade entstandenen Martensits. Nach vollständiger Umwandlung zeigt das Material wieder ein rein elastisches Verhalten, wobei der Anstieg nun dem E-Modul von Martensit entspricht. Die erreichte Dehnung entspricht dem Unterschied in der tetragonalen Verzerrung zwischen Austenit und Martensit und beträgt im Fall von 14M ca. 10 %. Bei Entlastung erfolgt die Rückumwandlung in Austenit, da dieser den stabilen Zustand bei dieser Temperatur darstellt. Da die spannungsinduzierte Martensitumwandlung reversibel ist, hat die remanente Dehnung im Idealfall einen Wert von Null. Dieses Verhalten wird als Pseudo- bzw. Superelastizität bezeichnet [Che03].

Pseudoplastizität Die Spannungs-Dehnungs-Kurve bei pseudo- bzw. superplastischem Verhalten ist in Abb. 2.4 b schematisch dargestellt. Der Ausgangszustand entspricht hier einem martensitischen Einvariantenzustand der 14M-Phase, der eine mechanische Druckbelastung entlang der langen a-Achse erfährt. Nach der anfänglichen, rein elastischen Antwort sinkt die Spannung und bleibt konstant, während die Dehnung stetig ansteigt. Das Spannungsplateau stellt hier die spannungsinduzierte Umorientierung der Martensitvarianten dar [Hec09]. Dabei wird die kurze c-Achse in Druckrichtung ausgerichtet. Das anfängliche Spannungsmaximum kennzeichnet die Nukleation einer Zwillingsgrenze [Aal10a]. Die zur Bewegung der Zwillingsgrenze notwendige Spannung wird durch das Spannungsplateau definiert und als Zwillingsgrenzenspannung σ_{ZG} bezeichnet. Nach vollständiger Umorientierung folgt erneut ein rein elastisches Verhalten der Martensitphase. Im Gegensatz zur Pseudoelastizität ist das pseudoplastische Verhalten nicht reversibel. Nach dem Entlasten ist demnach eine remanente Dehnung ε_{rem} messbar, die von der tetragonalen Verzerrung der Martensitphase abhängt und für 14M bis zu 10 % betragen kann [Soz02]. Die Zwillings-

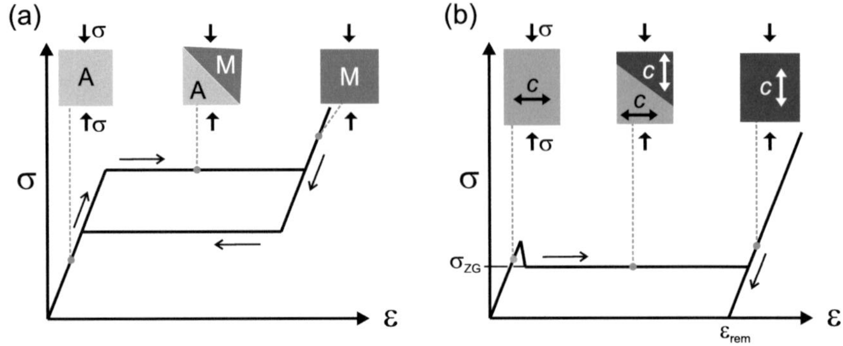

Abb. 2.4: (a) Das Spannungs-Dehnungs-Diagramm zeigt das Verhalten bei Pseudoelastizität. Der Austenit wird durch äußere mechanische Druckspannung in Martensit umgewandelt und die entstandenen Varianten werden umorientiert. Das Verhalten ist reversibel, bei Entlastung wird der austenitische Ausgangszustand wieder hergestellt. (b) Das Spannungs-Dehnungs-Diagramm bei pseudoplastischem Verhalten zeigt die spannungsinduzierte Umorientierung von Martensitvarianten. Das anfängliche Spannungsmaximum kennzeichnet die Nukleation, das Spannungsplateau bei der Zwillingsgrenzenspannung σ_{ZG} die Bewegung einer Zwillingsgrenze durch den Kristall. Das Verhalten ist irreversibel, bei Entlastung ist eine remanente Dehnung ε_{rem} messbar.

grenzenspannung sowie die remanente Dehnung hängen vom martensitischen Ausgangszustand ab. Handelt es sich dabei um einen Einvariantenzustand, ist ε_{rem} maximal, da der Kristall vollständig umorientiert werden kann. Jedoch ist eine anfängliche Spannungserhöhung notwendig, um Zwillingsgrenzen im Material zu nukleieren. Zur Bewegung einer bereits vorhandenen Zwillingsgrenze im 10M-Einkristall ist in manchen Fällen nur eine Spannung von 0,05 MPa notwendig [Str10]. Die anfängliche Spannungsüberhöhung entfällt bei Anwesenheit einer Zwillingsgrenze im Material. Jedoch reduziert sich auch die maximal mögliche Dehnung, da schon vor Belastung ein Teil der Varianten mit der kurzen *c*-Achse in Druckrichtung ausgerichtet ist.

Die Zwillingsgrenzenkonfiguration hat ebenfalls Einfluss auf die Zwillingsgrenzenspannung. Im Fall feiner paralleler Zwillinge ist σ_{ZG} aufgrund elastischer Wechselwirkungen der einzelnen Zwillingsgrenzen erhöht [Mül08, Str10]. Im Fall mehrerer, sich unter 90° kreuzender Zwillingsgrenzen ist kein Spannungsplateau erkennbar. Druckspannungen im Bereich von 1 bis 8 MPa sind notwendig, um den Kristall vollständig umzuorientieren und die Verankerung der Zwillingsgrenzen an den Schnittpunkten zu überwinden [Str11a].

Die Beweglichkeit von Zwillingsgrenzen, die bezüglich zur außen angelegten Zugspannung unterschiedlich ausgerichtet sind, kann anhand des Schmidschen Schubspannungsgesetzes abgeschätzt werden [Ots98]. Die resultierende Schubspannung im Gleitsystem τ muss den kritischen Wert $\tau_{\{101\}}$ überwinden, um $\{101\}$-Zwillingsgrenzen bewegen zu können. Die resultierende Spannung berechnet sich aus der Zugspannung σ und dem geometrischen Schmid-Faktor m [Ots98, Got07]:

$$\tau = \sigma \cdot m = \sigma \cdot \cos\kappa \cdot \cos\lambda. \tag{2.2}$$

Dabei bezeichnet κ den Winkel zwischen Zugrichtung und Gleitebenennormale, während λ den Winkel zwischen Zugrichtung und Gleitrichtung definiert.
Bei gegebener Zugspannung erfährt das Gleitsystem mit dem höchsten Schmid-Faktor die höchste Schubspannung und wird als erstes aktiviert [Got07]. Bei konstanter kritischer Schubspannung $\tau_{\{101\}}$ ist die aufzubringende mechanische Zugspannung nur abhängig vom Schmid-Faktor m. Demnach werden Zwillingsgrenzen mit einem Schmid-Faktor von 0,5 zuerst bewegt, während bei $m = 0$ eine unendlich große Zugspannung notwendig wäre:

$$\sigma = \frac{\tau_{\{101\}}}{m}. \tag{2.3}$$

2.3 Besonderheiten dünner Ni-Mn-Ga-Schichten

2.3.1 Epitaxie und Schichtwachstum

Eine epitaktisch gewachsene Schicht zeigt eine wohldefinierte kristallographische Orientierung in Bezug auf das einkristalline Substrat [Her03]. Die Orientierungsbeziehung zwischen Substrat und Schicht wird durch

$$(HKL)[UVW]_{\text{Substrat}} \parallel (hkl)[uvw]_{\text{Schicht}}$$

beschrieben. Die (HKL)-Ebene des Substrats liegt dabei parallel zur (hkl)-Ebene der Schicht. Die zusätzlich angegebenen Richtungen $[UVW]$ und $[uvw]$ stellen innerhalb der Schichtebene parallel liegende Richtungen von Substrat und Schicht dar.
Da sich bei heteroepitaktischem Wachstum die Gitterkonstanten der verschiedenen Materialien unterscheiden, wird die Orientierung der aufwachsenden Schicht durch die Fehlpas-

sung f zum Substrat bestimmt. Die Fehlpassung ergibt sich aus

$$f = \frac{d_{\mathrm{Substrat}} - d_{\mathrm{Schicht}}}{d_{\mathrm{Schicht}}} \tag{2.4}$$

mit den Gitterparametern d_{Substrat} und d_{Schicht} von Substrat bzw. Schicht.
Ni-Mn-Ga wird bei hohen Temperaturen abgeschieden, somit kann für die Berechnung der Fehlorientierung die kubische Austenitelementarzelle zugrunde gelegt werden. In epitaktisch gewachsenen Ni-Mn-Ga-Schichten kommen nur wenige, wohl definierte Kristallorientierungen vor. Dies stellt einen Vorteil gegenüber polykristallinen bzw. fasertexturierten Schichten dar. Die Struktur epitaktischer Schichten ähnelt der Struktur von Einkristallen, was für die maximal erreichbare Dehnung vorteilhaft ist.
Dünne Ni-Mn-Ga-Schichten können elektrochemisch abgeschieden [Gai12] oder mittels verschiedener Verfahren der physikalischen Gasphasenabscheidung (*Physical Vapour Deposition*, PVD) hergestellt werden. Dazu gehören z. B. die Molekularstrahlepitaxie (*Molecular Beam Epitaxy*, MBE) [Don99, Don04], das Laserstrahlverdampfen (*Pulsed Laser Deposition*, PLD) [Tel02, Cas03, Hak04, Zha09] oder die Kathodenzerstäubung (Sputtern) [Jak07, Jen08, Tho08a, Ber09, Til11]. Die Struktur der dünnen Schichten ist dabei von der Abscheidemethode und vom Substrat abhängig. Im Folgenden werden Schichten betrachtet, die durch Sputtern hergestellt wurden. Der Vorteil dieser Abscheidemethode ist die Herstellung relativ dicker Schichten im großen Maßstab, was für die technische Umsetzbarkeit Voraussetzung ist.
Die Verwendung von Si-Einkristallen als Substratmaterial bietet neben dem geringen Materialpreis den Vorteil, dass es in der Halbleiterindustrie verwendet und damit großtechnisch prozessierbar ist. Die erhöhte Abscheidetemperatur bei der Herstellung von Ni-Mn-Ga-Schichten erfordert jedoch die Entwicklung geeigneter Diffusionsbarrieren für Si. Die Interdiffusion von Si und Ni-Mn-Ga kann bei Nutzung von oxidierten Si-Substraten unterdrückt werden. Die amorphe Oxidschicht SiO_x führt jedoch zur Bildung polykristalliner Ni-Mn-Ga-Schichten [Ber09]. Golub *et al.* [Gol09] nutzten ein Si(001)-Substrat mit SiN_x als Diffusionsbarriere und erreichten nur eine (220)-Fasertextur von Ni-Mn-Ga.
Für die Herstellung epitaktischer Schichten werden oxidische Substrate bevorzugt, da hier die Interdiffusion zwischen Substratmaterial und Ni-Mn-Ga vernachlässigt werden kann. Epitaktisches Wachstum von Ni-Mn-Ga konnte von verschiedenen Gruppen auf z. B. Al_2O_3(110) [Jak07, Pör08, Eic10], $SrTiO_3$(100) [Hec08b] und MgO(001) [Jen08, Tho08a, Til11] nachgewiesen werden.

Im Rahmen dieser Arbeit wurden Ni-Mn-Ga-Schichten auf (001)-orientierten, einkristallinen MgO-Substraten mit der Gitterkonstante $a_{\text{MgO}} = 0{,}4212\,\text{nm}$ [Int11b] abgeschieden. Mit der Gitterkonstante $a_{\text{A}} = 0{,}5821\,\text{nm}$ [Int11e] von Ni_2MnGa-Austenit ergibt sich bei Würfel-auf-Würfel-Wachstum eine Fehlpassung von $f = -27{,}6\,\%$. Diese wird auf 2,4 % reduziert, wenn die Ni-Mn-Ga-Elementarzelle um 45° verdreht zur MgO-Elementarzelle aufwächst. Damit ergibt sich die Orientierungsbeziehung MgO (001)[100] || Ni-Mn-Ga (001)[110], die experimentell bestätigt werden konnte [Tho08a].

2.3.2 Martensitische Umwandlung

Die epitaktischen Ni-Mn-Ga-Schichten werden bei hohen Temperaturen im kubischen Austenit abgeschieden und wandeln sich während der Abkühlung in Martensit um. Die Martensitumwandlung der Schicht wird durch die harten Randbedingungen am Substrat behindert, sodass an der Grenzfläche eine geringe Dicke an Restaustenit zurückbleibt [Tho08a]. Die Orientierung des Austenits relativ zum Substrat ist somit eindeutig definiert. Während des Martensitübergangs wandelt sich jedoch die kubische in eine tetragonale bzw. orthorhombische Struktur um. Bei der Umwandlung existieren mehrere energetisch gleichwertige Martensitorientierungen, sodass eine martensitische Schicht aus verschiedenen Martensitvarianten bestehen kann, die nicht kompatibel sein müssen [Eic11].
Da die Orientierung des Austenits vom Substrat festgehalten wird, muss sich der Martensit an diese Orientierung anpassen. Die Grenzfläche zwischen Austenit und Martensit stellt dabei eine invariante Ebene dar, die als Habitus-Ebene bezeichnet wird. Für Ni-Mn-Ga entspricht die Habitus-Ebene nahezu einer (101)-Ebene [Tho08a]. Die martensitische Umwandlung ist mit einer leichten Verkippung und Rotation der Elementarzelle verbunden. Der Kippwinkel von Martensitvarianten in Bezug zur Substratnormalen kann bis zu 10° betragen.

2.3.3 Zwillingshierarchien

Ni-Mn-Ga-Schichten zeigen eine Zwillingshierarchie, in der verschiedene Arten von Zwillingsgrenzen auf verschiedenen Längenskalen beobachtet werden können [Roy93, Mül10]. Diese Längenskala reicht von wenigen Nanometern über Mikrometer bis hin zur Millimeterskala und umfasst demnach mehrere Generationen von Zwillingsgrenzen [Kau11]. Dabei werden Bereiche, in denen gleichartige Zwillingsgrenzen parallel verlaufen, als Laminate bezeichnet [Bha03]. Die auf unterschiedlichen Längenskalen beobachteten Zwillingsgrenzen werden im Folgenden vorgestellt.

Die erste Generation von Zwillingsgrenzen bildet sich an der Grenzfläche zwischen Austenit und Martensit. Aufgrund der hohen elastischen Energie an der Grenzfläche werden auf der Nanometerskala (101)-Zwillingsgrenzen des tetragonalen NM-Martensit eingefügt. Diese Nano-Zwillingsgrenzen weisen eine sehr geringe Grenzflächenenergie auf [Kau10], weshalb sie in Abständen von wenigen Atomlagen periodisch eingefügt werden können und so die elastische Energie an der Grenzfläche minimieren. Die periodische Anordnung mit einer Stapelung von 2 bzw. 5 Atomlagen führt zur Bildung des modulierten 14M-Martensits [Kau10].
Auf der Mikrometerskala können Zwillingsgrenzen zwischen verschieden orientierten Varianten des 14M-Martensits beobachtet werden. Diese werden als zweite Generation bzw. als mesoskopische Zwillingsgrenzen bezeichnet [Kau11]. Buschbeck *et al.* [Bus09] zeigten, dass Zwillingsgrenzen, deren Spuren um 45° verdreht zu den Kanten des (001)-orientierten MgO-Substrates verlaufen, ein periodisches Höhenprofil an der Schichtoberfläche hinterlassen. Dieses Höhenprofil ist in Abb. 2.5 schematisch dargestellt. Dabei verlaufen die (101)-Zwillingsgrenzen schräg unter einem Winkel von ca. 45° durch den Schichtquerschnitt. Mithilfe des Zwillingswinkels 2α (Abb. 2.5) und eines einfachen geometrischen Modells kann die tetragonale Verzerrung c/a der zugrunde liegenden Martensitphase abgeschätzt werden:

$$c/a = \tan(45^\circ - 2\alpha). \tag{2.5}$$

Da $c/a \approx 0{,}9$ beträgt, kann das periodische Höhenprofil dem 14M-Martensit zugeordnet werden. In weiterführenden Untersuchungen von Leicht *et al.* [Lei11] konnte mittels Rastertunnelmikroskopie (*Scanning Tunneling Microscopy*, STM) auf jeder zweiten Flanke des periodischen Höhenprofils ein zusätzlicher Höhenkontrast nachgewiesen werden, der mit der adaptiven Natur von 14M-Martensit begründet werden kann.
In 10M-Einkristallen konnte auf einer kleinen Längenskala eine zusätzliche Hierarchieebene beobachtet werden. Die durch eine mesoskopische Zwillingsgrenze miteinander verbundenen Varianten weisen zusätzlich eine interne a_{10M}-b_{10M}-Verzwillingung auf [Str11b], sodass man die mesoskopische Zwillingsgrenze nicht unbedingt mit einer einfachen a_{10M}-c_{10M}-Verzwillingung gleichsetzen kann. Das Auftreten von verschieden orientierten und verzwillingten a_{14M}-b_{14M}-Laminaten konnte bisher jedoch nicht für dünne 14M-Schichten nachgewiesen werden. Aus diesem Grund basiert die Beschreibung der im Rahmen dieser Arbeit beobachteten mesoskopischen Zwillingsgrenzen auf dem Modell von Buschbeck *et al.* [Bus09].

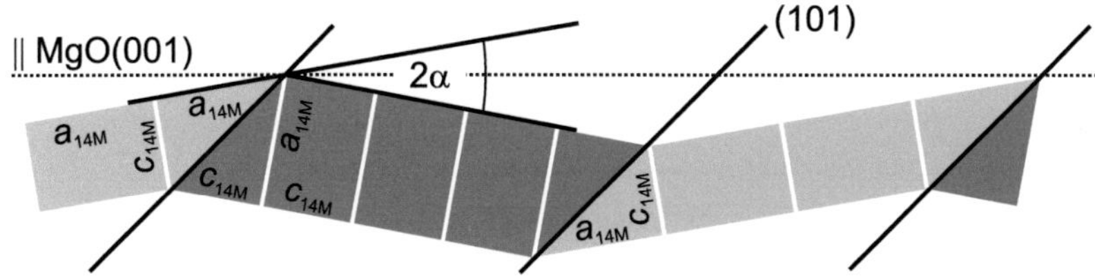

Abb. 2.5: Die a_{14M}-c_{14M}-Zwillingsgrenzen zwischen verschieden orientierten 14M-Varianten bilden an der Schichtoberfläche ein periodisches Höhenprofil aus, das mithilfe des Zwillingswinkels 2α zur Berechnung der tetragonalen Verzerrung der Elementarzelle verwendet werden kann [Bus09].

Die martensitische Umwandlung kann gleichzeitig an verschiedenen Keimen in der Ni-Mn-Ga-Schicht beginnen, sodass es zum Aufeinandertreffen verschiedener Laminate mit zum Teil unterschiedlich orientierten Zwillingsgrenzen kommen kann. Die Grenze zwischen diesen Laminaten wird auf der Millimeterskala beobachtet und als Variantengrenze bezeichnet. Da die Orientierung der 14M-Elementarzellen auf beiden Seiten der Variantengrenze nicht kompatibel sein muss [Eic11], stellt diese Generation von Zwillingsgrenzen eine elastisch inkompatible Grenzfläche dar.

Das Zusammenwirken der verschiedenen Generationen von Zwillingsgrenzen ist entscheidend für die Reaktion der Ni-Mn-Ga-Schicht auf ein äußeres Magnetfeld bzw. eine äußere mechanische Spannung. Dabei wird die Zwillingsgrenzenspannung der gesamten Schicht von den Laminaten bestimmt, die, bezogen auf die von außen einwirkenden Kräfte, ungünstig orientiert sind und damit die höchste Zwillingsgrenzenspannung aufweisen.

2.3.4 MSM-Effekt in dünnen Schichten

Die harten Randbedingungen am Substrat beeinflussen den magnetischen Formgedächtniseffekt in dünnen Ni-Mn-Ga-Schichten. Zunächst wird eine makroskopische Längenänderung der Schicht durch die laterale Ausdehnung des Substrates verhindert. Der Elastizitätsmodul von MgO liegt im Bereich von einigen GPa. Die magnetfeldinduzierte Zwillingsgrenzenbewegung wird jedoch schon bei einer mechanischen Spannung von wenigen MPa blockiert. Demnach sollte der magnetische Formgedächtniseffekt in dünnen Schichten auf dicken Substraten nicht beobachtet werden können. Thomas *et al.* [Tho08a] fanden jedoch, dass sich die interne Orientierungsverteilung von 14M-Varianten bei Anlegen eines magnetischen Feldes ändert. Die orthorhombische Kristallstruktur von 14M-Martensit ermöglicht eine

Erhöhung des Anteils von Varianten mit der mittellangen $b_{14\mathrm{M}}$-Achse entlang der Feldrichtung auf Kosten von Varianten mit der kurzen, magnetisch leichten $c_{14\mathrm{M}}$-Achse und der langen, magnetisch schweren $a_{14\mathrm{M}}$-Achse. Diese interne Orientierungsänderung ist nur möglich, da sie nicht mit einer Änderung der lateralen Ausdehnung der Ni-Mn-Ga-Schicht verbunden ist. Die magnetfeldinduzierte Umorientierung von Varianten ist nur bei hohen Magnetfeldern stabil. Nach Abschalten des äußeren Magnetfeldes geht das Material in seinen Ausgangszustand zurück [Tho08a], was auf innere Schichtspannungen zurückgeführt werden konnte [Tho08b].
Um den magnetischen Formgedächtniseffekt in dünnen Ni-Mn-Ga-Schichten auszunutzen, muss die Schicht demnach vom Substrat gelöst werden. Die verschiedenen Ablösemethoden und der Einfluss des Ablösens auf die Schichteigenschaften werden in Kapitel 6 vorgestellt.

3 Schichtherstellung und Charakterisierungsmethoden

3.1 Dünnschichtpräparation mittels Kathodenzerstäubung

Die im Rahmen dieser Arbeit untersuchten Schichten wurden mittels magnetfeldunterstützter Kathodenzerstäubung (Magnetronsputtern) hergestellt. Das Prinzip der Sputterabscheidung ist in Abb. 3.1 schematisch dargestellt. Vor der Abscheidung wird die Vakuumkammer auf einen Basisdruck von $2{\cdot}10^{-9}$ mbar gebracht. Anschließend wird die Kammer mit einem Gemisch aus Argon und 5 % Wasserstoff geflutet und ein Arbeitsdruck von $8{\cdot}10^{-3}$ mbar eingestellt. Durch Anlegen einer Hochspannung zwischen Anode und dem abzuscheidenden Material (Target) wird das umgebende Argon-Gas ionisiert. Die frei werdenden Elektronen werden zur Anode hin beschleunigt, die Lorentz-Kraft bewirkt jedoch, dass die Elektronen auf Spiralbahnen im Bereich des magnetischen Streufeldes über der Targetoberfläche gezwungen werden. Dadurch wird die Ionisationsrate des Ar-Gases erhöht, was wiederum eine erhöhte Sputterrate zur Folge hat [Ohr92]. Die erzeugten Ar-Ionen werden zum Target hin beschleunigt. Durch Variation der angelegten Hochspannung kann die kinetische Energie der Ionen geregelt werden, die typischerweise bei 100 bis 1000 eV liegt und damit die Bindungsenergie der Targetatome weit übersteigt [Fre87]. Beim Auftreffen der Ionen werden Stoßkaskaden im Target ausgelöst, was wiederum zum Herauslösen von Targetatomen führt. Die aus ihrem Verbund gelösten Atome sind zu 99 % neutral [Fre87]. Die frei gewordenen Targetatome adsorbieren auf einem gleichmäßig rotierenden Substrat. Dabei erlaubt die exzentrische Substratrotation eine homogene Schichtabscheidung. Um die Diffusion der abgeschiedenen Atome und damit einerseits epitaktisches Wachstum zu ermöglichen und andererseits die chemische Ordnung in der Schicht einzustellen, wird das Substrat durch einen Strahlungsheizer auf Temperaturen von bis zu 600 °C erwärmt. Durch die Erwärmung des Substrates wird jedoch auch die Desorption von bereits adsorbierten Atomen ermöglicht. Die Desorption ist abhängig vom Dampfdruck der jeweiligen Elemente

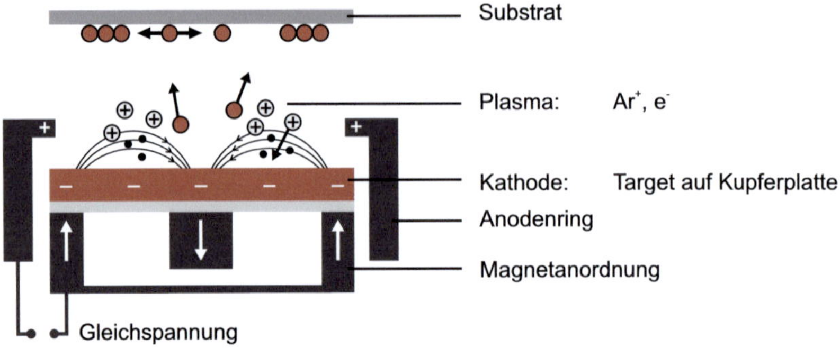

Abb. 3.1: Die schematische Darstellung zeigt das Arbeitsprinzip der magnetfeldunterstützten Kathodenzerstäubung. Durch Anlegen einer Hochspannung wird zwischen Anode und Target ein Plasma gezündet. Die Targetatome werden durch beschleunigte Ar-Ionen aus der Targetoberfläche gelöst und adsorbieren auf dem gegenüberliegenden Substrat.

und damit höher für Mn und Ga im Vergleich zu Ni [Smi76]. Um den Verlust von Mn und Ga zu minimieren und gleichzeitig eine ausreichende chemische Ordnung zu gewährleisten, wurden Herstellungstemperaturen von 300 °C bis 400 °C gewählt.

Zur Abscheidung von Ni-Mn-Ga-Schichten wurden 4-Zoll-Legierungstargets verwendet, die in mehreren Prozessschritten hergestellt wurden. Zunächst wurde ein Barren mit der vorgegebenen Zusammensetzung von Michael Frey (IKM) gegossen. Der Barren wurde anschließend in der Werkstatt des IFW Dresden durch Drahterosion geteilt. Die einzelnen Teile wurden extern von der Firma FHR auf eine Cu-Platte gebondet, um die beim Sputtern entstehende Wärme gut ableiten zu können. Bei der Auswahl der Targetzusammensetzung wurde der nicht-stöchiometrische Materialübertrag beachtet. Da die Schichtzusammensetzung im Bereich von $Ni_{50}Mn_{30}Ga_{20}$ liegen sollte, wurde ein Ni-armes Target mit der Zusammensetzung $Ni_{46}Mn_{32}Ga_{22}$ hergestellt. Für ein zweites Target wurde die Zusammensetzung auf $Ni_{44}Mn_{32}Ga_{24}$ angepasst. Darüber hinaus wurde das für das zweite Target verwendetet Mn von Sabine Wurmehl (IFF) gebeizt und umgeschmolzen, um Verunreinigungen mit Schwefel bzw. Sauerstoff zu minimieren. Zur Abscheidung der Chrom-Pufferschicht wurde ein 2-Zoll-Target der Firma Kurt Lesker mit einer Reinheit von 99,95 % verwendet. Die Sputterleistung betrug sowohl bei der Cr- als auch bei der Ni-Mn-Ga-Abscheidung 70 W. Die Abscheiderate wurde mithilfe eines Schwingquarzes vor jeder Schichtabscheidung bestimmt. Sie beträgt für Cr max. 2 nm/min und für Ni-Mn-Ga ca. 20 nm/min. Aus der Abscheiderate wurde die für die Soll-Schichtdicke notwendige Abscheidezeit ermittelt.

3.2 Oberflächenbeschaffenheit und Zusammensetzung

Rasterelektronenmikroskopie

Im Rasterelektronenmikroskop (REM) wird die Oberflächenmorphologie abgebildet. Ein durch Glühemission erzeugter Elektronenstrahl wird mithilfe von Magnetspulen gebündelt und zeilenweise über die Schichtoberfläche gefahren. Dabei werden verschiedene Kontrastmechanismen ausgenutzt. Die niedrig-energetischen Sekundärelektronen (SE) haben Informationstiefen von wenigen Nanometern und liefern damit einen guten Topographiekontrast [Ohr92]. Dagegen handelt es sich bei den hoch-energetischen Rückstreuelektronen (*Backscattered Electrons*, BSE) um elastisch gestreute Primärelektronen. Die Streuwahrscheinlichkeit hängt stark von der Ordnungszahl der einzelnen Elemente ab, die aber im Fall von Ni-Mn-Ga nur leicht variiert und damit nicht zur Kontrastentstehung beiträgt. Jedoch können die Rückstreuelektronen einen zusätzlichen Orientierungskontrast liefern, da sie an verschiedenen Ebenen unterschiedlich rückgestreut werden [Ohr92]. Dieses sogenannte Channelling der Elektronen wurde durch eine Kippung der Proben um bis zu 7° relativ zur Substratnormalen optimiert.
Die REM-Aufnahmen wurden mithilfe eines Philips SEM XL20 Gerätes angefertigt. Dabei wurde der SE-Detektor verwendet. Die Vergrößerung war auf 5000-fach begrenzt. Die hochaufgelösten REM-Aufnahmen wurden von Sandra Kauffmann-Weiß an einem LEO 1530 Gemini von Zeiss angefertigt. Dabei wurden sowohl der SE- als auch der BSE-Kontrast ausgenutzt.

Rasterkraftmikroskopie

Die Analyse der Schichttopographie wurde von Anett Diestel mithilfe eines Digital Instruments Dimension 3100 Rasterkraftmikroskops (*Atomic Force Microscope*, AFM) durchgeführt. Das AFM wurde im Tapping-Modus betrieben. Das Messprinzip beruht auf der Wechselwirkung zwischen einer feinen, an einem elastischen Biegebalken (Cantilever) angebrachten Spitze und der Probenoberfläche. Der Cantilever wird zur Schwingung nahe seiner Resonanzfrequenz angeregt und mit einem bestimmten Abstand zeilenweise über die Oberfläche gerastert. Die Van-der-Waals-Wechselwirkung zwischen Spitze und Probe führt zur Veränderung der Schwingungsfrequenz und damit der Schwingamplitude. Diese wird durch Regelung des Abstandes z zwischen Spitze und Probenoberfläche konstant gehalten. Das so erhaltene Höhenprofil der Probe kann mithilfe der frei verfügbaren Software WSxM quantitativ ausgewertet werden [Hor07].

Energiedispersive Röntgenspektroskopie

Die Schichtzusammensetzung wurde im Rasterelektronenmikroskop mithilfe der energiedispersiven Röntgenspektroskopie (*Energy Dispersive X-Ray Spectroscopy*, EDX) bestimmt. Der Elektronenstrahl regt in der Probe Elektronen in der Atomhülle an, die auf höhere Energieniveaus übergehen. Kehren diese Elektronen in den Grundzustand zurück, so werden Röntgenquanten emittiert, deren Energie charakteristisch für das jeweilige Element ist. Durch die quantitative Auswertung der charakteristischen Röntgenstrahlung kann die Zusammensetzung der Probe bestimmt werden. Um die Genauigkeit der Messung zu erhöhen, wurde die gemessene Schichtzusammensetzung auf einen $Ni_{50}Mn_{25}Ga_{25}$-Standard normiert. Damit liegt die Messungenauigkeit bei $\pm$ 0,5 % [Ohr92]. Die Schichtzusammensetzung wurde mithilfe eines Philips SEM mit integriertem EDAX-System ermittelt.

Tiefenprofilanalyse mittels Augerelektronenspektroskopie

Im Gegensatz zur energiedispersiven Röntgenspektroskopie, deren Informationstiefe etwa 1 µm beträgt, handelt es sich bei der Augerelektronenspektroskopie (AES) um ein oberflächensensitives Verfahren mit einer Informationstiefe von weniger als 1,5 nm [Ohr92]. Beim Übergang eines von außen angeregten Elektrons in den Grundzustand, kann statt der charakteristischen Röntgenstrahlung ein Augerelektron emittiert werden. Dabei handelt es sich um ein Elektron in der äußeren Atomhülle, das durch die beim Übergang frei werdende Energie aus der Atomhülle gelöst wird. Die freie Weglänge der Augerelektronen ist gering, sodass eine hohe Oberflächenempfindlichkeit erzielt wird. Die Energie des Augerelektrons ist von der frei werdenden Energie beim Übergang und von der eigenen Position im Termschema abhängig und damit stark elementspezifisch. Demnach kann mithilfe der Augerelektronenspektroskopie die oberflächennahe Zusammensetzung ermittelt werden, die jedoch im Vergleich zu EDX eine verringerte Genauigkeit aufweist [Ohr92]. Die Kombination aus Sputterabtrag der Schichtoberfläche und anschließendem Aufnehmen der AES-Spektra erlaubt die tiefenabhängige Bestimmung der Zusammensetzung.
Die tiefenabhängige Augerelektronenspektroskopie wurde von Stefan Baunack mittels eines PHI 660 Auger-Spektrometers durchgeführt. Die Probenoberfläche wurde mittels Ar-Ionen abgetragen, deren Energie 1,5 keV betrug. Um Abschattungseffekte zu vermeiden, wurde die Probe während des Abtragens gedreht. Zur Aufnahme der AES-Spektren wurden sowohl die Probenrotation als auch das Sputtern abgestellt. Für den Fall einer Si-Referenzschicht betrug die Abtragerate unter den oben genannten Bedingungen 2,8 nm/min.

3.3 Strukturuntersuchungen

Die Strukturanalyse dünner Schichten liefert Informationen über die in der Schicht vorkommenden Phasen und deren Orientierung. Die Strukturanalyse nutzt die Beugung von monochromatischer Röntgenstrahlung mit der Wellenlänge λ am Kristallgitter aus. Dabei tritt konstruktive Interferenz zwischen einfallendem und ausfallendem Strahl auf, wenn die Bragg-Bedingung erfüllt ist:

$$n \cdot \lambda = 2d \cdot \sin \Theta. \qquad (3.1)$$

Hier bezeichnen n die Ordnung des Beugungsmaximums, d den Netzebenenabstand und Θ den Einfallswinkel der Röntgenstrahlung.

Röntgendiffraktometrie In der Bragg-Brentano-Geometrie erfolgt die Detektion der gebeugten Strahlen unter einem Winkel von 2Θ zum einfallenden Strahl. In dieser Geometrie werden nur Netzebenen detektiert, die parallel zur Substratoberfläche ausgerichtet sind. Da die martensitischen Varianten jedoch um bis zu $10°$ verkippt sind, muss die Probe bzw. der Strahlengang verkippt werden. Die Strukturanalyse der dünnen Schichten erfolgte an einem Bruker D8 Röntgendiffraktometer, das Co-Kα-Strahlung ($\lambda = 0{,}178997$ nm) verwendet. Während der Messung wurde die Probe gedreht, um alle möglichen Varianten zu erfassen und so eine bessere statistische Auswertung der in der Probe auftretenden Phasen zu ermöglichen.

Texturanalyse Die Orientierung der auftretenden Phasen im Raum kann durch die Texturanalyse bestimmt werden. Hier wird ein bestimmter Netzebenenabstand mit einem konstanten Winkel 2Θ ausgewählt. Die Probe wird in einem 4-Kreis-Diffraktometer um die Winkel ϕ gedreht und ψ gekippt, während die Intensität des gebeugten Strahls für jeden Messpunkt aufgezeichnet wird. Die Position der Intensitätsmaxima in der Polfigur gibt die Orientierung der jeweiligen Netzebenenschar wieder. Die Texturanalyse erfolgte an einem 4-Kreis-Diffraktometer Philips X'Pert mit Cu-Kα-Strahlung ($\lambda = 0{,}15406$ nm).

Transmissionselektronenmikroskopie An ausgewählten Proben wurde die Mikrostruktur mittels Transmissionselektronenmikroskopie (TEM) untersucht. Hierfür wurde die Probe mit einem fokussierten Ionenstrahl (*Focused Ion Beam*, FIB) präpariert. Die Querschnittslamelle wurde anschließend mittels Ionen so weit gedünnt, dass sie für Elektronen transparent wird. Der Verlauf der Zwillingsgrenzen im Probenquerschnitt kann durch die Hellfeldaufnahmen sichtbar gemacht werden. Die Feinbereichsbeugung (*Selected Area Dif-*

fraction, SAED) dient der Analyse der lokalen Schichtstruktur. Dadurch kann die Modulation der Ni-Mn-Ga-Phase sichtbar gemacht werden. Die TEM-Probenpräparation sowie die TEM-Untersuchungen wurden von Christian Behler durchgeführt.

3.4 Magnetische Charakterisierung

Die Untersuchung der temperaturabhängigen bzw. feldabhängigen magnetischen Polarisation erfolgte mithilfe eines Vibrationsprobenmagnetometers (*Vibrational Sample Magnetometer*, VSM). Die verwendete Apparatur ist ein Aufsatz für ein PPMS der Firma Quantum Design. Die magnetische Probe wird in zwei ortsfesten Messspulen zur Schwingung angeregt. Die in den Messspulen induzierte Spannung ist dabei proportional zum magnetischen Moment der Probe.

Die Berechnung der magnetischen Polarisation setzt ein bekanntes Probenvolumen voraus. Zur Berechnung des Schichtvolumens wurde die Soll-Schichtdicke verwendet. Die Probenoberfläche wurde in lichtmikroskopischen Aufnahmen vermessen. Dabei ergibt sich ein Fehler von ca. 10 % für den Wert der berechneten magnetischen Polarisation.

Die Kühlung der Probenkammer mithilfe von flüssigem Helium ermöglicht die Messung der temperaturabhängigen Magnetisierung. Zusätzlich ermöglichen äußere supraleitende Spulen die Erzeugung eines äußeren Magnetfeldes von bis zu 9 T. In Abhängigkeit von der Probengeometrie und des verwendeten Halters kann das äußere Feld in der Schichtebene bzw. senkrecht dazu angelegt werden.

Die Bestimmung der temperaturabhängigen Hysterese erfolgte im Temperaturbereich von 50 K bis 400 K mit einem äußeren Magnetfeld von 10 mT. Das äußere Magnetfeld wird in der Schichtebene entlang der $[100]_A$-Richtung angelegt. Die thermische Hysterese dient zur Ermittlung des ferromagnetischen und des martensitischen Phasenübergangs. Bei ausgewählten Proben wurde die feldabhängige Polarisation bei konstanter Temperatur gemessen. Dabei genügt ein äußeres Magnetfeld von 2 T zur Sättigung der Ni-Mn-Ga-Schicht innerhalb der Schichtebene.

4 Zwillingsgrenzenorientierungen in Ni-Mn-Ga-Schichten

Zwillingsgrenzen, die während der martensitischen Umwandlung entstehen, sind anhand ihrer parallel verlaufenden Spuren an der Schichtoberfläche leicht erkennbar. In diesem Kapitel werden zwei Typen von Zwillingsgrenzen in Ni-Mn-Ga-Schichten vorgestellt, deren Spuren sich hinsichtlich ihrer Orientierung zur Austenitelementarzelle unterscheiden. Die Analyse der Martensitstruktur zeigt, dass es sich bei diesen Zwillingsgrenzen um verschiedene Orientierungen der gleichen modulierten Martensitphase handelt. Die möglichen Ursachen für die Entstehung der verschiedenen Zwillingsgrenzenorientierungen werden ebenso diskutiert wie deren Auswirkung auf die Anwendbarkeit des MSM-Effektes.

4.1 Identifizierung anhand der Morphologie

Die verschiedenen, in Ni-Mn-Ga-Schichten vorkommenden Zwillingsgrenzen sind anhand ihrer Oberflächenmorphologie leicht unterscheidbar. In Abb. 4.1 sind REM Aufnahmen einer 2 µm dicken Schicht mit der Zusammensetzung $Ni_{48,6}Mn_{32}Ga_{19,4}$ dargestellt. Auf Bereichen von bis zu hundert µm sind Zwillingsgrenzen erkennbar, die annähernd parallel zu den $[100]_A$- bzw. $[010]_A$-Kanten der Austenitelementarzelle verlaufen (Abb. 4.1 a). Der vergrößerte Ausschnitt in Abb. 4.1 b zeigt, dass die Zwillingsgrenzen auf kleineren Bereichen (Laminaten) von ca. 1-2 µm parallel verlaufen und mit anderen Laminaten einen Winkel von ca. 12° einschließen. Dadurch entsteht der Eindruck eines rautenförmigen Zwillingsgrenzenmusters auf der Schichtoberfläche. Dieser Typ von Zwillingsgrenzen wird im Folgenden als Typ X bezeichnet.

Ein anderer Typ von Zwillingsgrenzen, der im Folgenden als Typ Y bezeichnet wird, ist dadurch gekennzeichnet, dass die Zwillingsgrenzen über weite Bereiche parallel zu den $[110]_A$- bzw. $[1\bar{1}0]_A$-Richtungen verlaufen. Dieser Typ von Zwillingsgrenzen wird beispielhaft an einer 1,5 µm dicken Schicht mit einer Zusammensetzung von $Ni_{48,4}Mn_{32,8}Ga_{18,8}$ vorgestellt

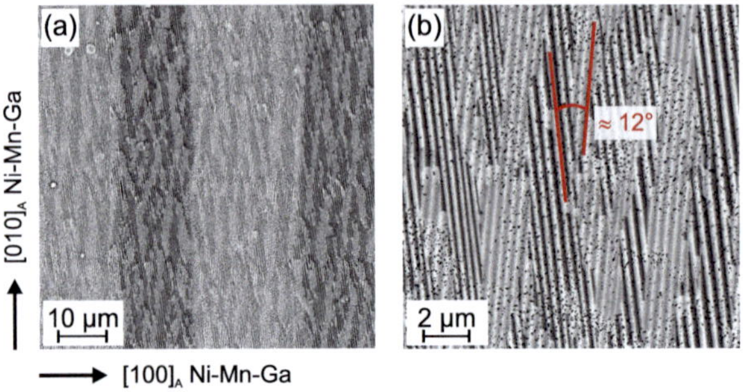

Abb. 4.1: (a) Die Zwillingsgrenzen des Typ X verlaufen in mehreren hundert µm großen Bereichen annähernd parallel zu den Kanten der Austenitelementarzelle. (b) Die Vergrößerung zeigt, dass die Zwillingsgrenzen einen Winkel von ca. 12° zueinander einnehmen.

und ist in Abb. 4.2 dargestellt. Typ Y-Zwillingsgrenzen verbinden martensitische Varianten, die ca. 200 nm breit und bis zu mehreren Millimetern lang sind. Die Grenzen verlaufen innerhalb weniger Mikrometer breiter Laminate parallel und bilden ein schachbrettförmiges Muster auf der Schichtoberfläche (Abb. 4.2 a). Die Breite der Zwillingsvarianten variiert stark. Die Breite der Varianten, die über mehrere Millimeter verlaufen, zeigt ein Maximum in der Mitte eines Laminates und nimmt nach außen hin kontinuierlich ab. Dagegen können auch Laminate mit ungleichmäßig großen Breiten von Typ Y-Varianten beobachtet werden (Abb. 4.2 b). Innerhalb eines einzelnen Varianten ist auf einer Längenskala von wenigen Nanometern ein zusätzlicher hell-dunkel-Kontrast erkennbar, der um 45° zu den Typ Y-Zwillingsgrenzen verdreht ist (Abb. 4.2 c).

Es ist zu beachten, dass Typ Y-Zwillingsgrenzen nicht ohne Anwesenheit von Typ X-Zwillingsgrenzen beobachtet werden konnten. Auch in den hier abgebildeten REM-Aufnahmen sind in einigen Zwischenräumen Typ X-Zwillingsgrenzen erkennbar (Abb. 4.2 b). Andere Schichten mit einem hohen Anteil an Typ Y-Zwillingsgrenzen an der Oberfläche zeigen zwischen Mikrometer breiten, parallelen Laminaten von Typ Y schmale Laminate der Typ X-Zwillingsgrenzen. Es ist anzumerken, dass Typ Y-Zwillingsgrenzen nur durch den BSE-Kontrast im REM sichtbar gemacht werden konnten. Mithilfe des BSE-Kontrastes können Orientierungsunterschiede zwischen einzelnen Varianten aufgedeckt werden, die im Topographie-sensitiven SE-Modus nicht sichtbar sind.

Die in Ni-Mn-Ga-Schichten beobachteten Zwillingsgrenzentypen unterscheiden sich nicht nur hinsichtlich der Orientierung ihrer Spuren an der Oberfläche. Auch die mithilfe von AFM-Aufnahmen untersuchten Oberflächenprofile der beiden Zwillingsgrenzentypen wei-

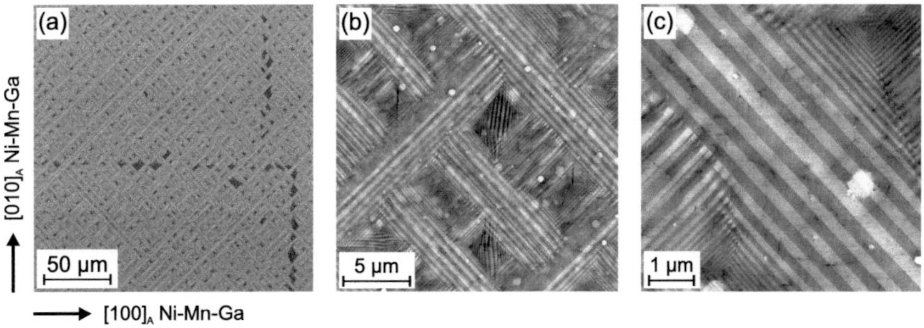

Abb. 4.2: Die Zwillingsgrenzen des Typ Y verlaufen entlang [011]-Richtungen der Austenitelementarzelle über mehrere 100 µm (a) und schließen kleinere Laminate von Typ X-Zwillingsgrenzen ein (b). Innerhalb der einzelnen Typ Y-Varianten (c) ist ein zusätzlicher Kontrast entlang der Austenitkanten erkennbar.

chen stark voneinander ab. Die AFM-Aufnahme in Abb. 4.3 a zeigt einen Ausschnitt, in dem sowohl Typ X als auch Typ Y-Zwillingsgrenzen nebeneinander auftreten. Die 1-2 µm breiten Bereiche, die entlang der $[110]_{\mathrm{A}}$- bzw. $[1\bar{1}0]_{\mathrm{A}}$-Richtungen verlaufen, können den Typ Y-Zwillingsgrenzen zugeordnet werden. Innerhalb dieser Bereiche sind jedoch nicht eindeutig Zwillingsgrenzen erkennbar, was an dem geringen Höhenunterschied zwischen den verschiedenen Varianten liegt. Dies wird auch anhand der unregelmäßigen Höhenprofile P1 und P2 (Abb. 4.3 b) deutlich. Im Gegensatz hierzu sind Typ X-Zwillingsgrenzen sowohl im AFM-Bild als auch im regelmäßigen Höhenprofil P3 klar von einander unterscheidbar (Abb. 4.3). Das Höhenprofil zeigt eine gleichmäßige Variantenbreite, die bei Betrachtung der gesamten Schichtoberfläche nur leicht variiert. Das regelmäßige Höhenprofil von Typ X-Zwillingsgrenzen wurde von Buschbeck *et al.* [Bus09] mithilfe eines einfachen geometrischen Modells erklärt (siehe Abb. 2.5 auf S. 17). Dem Modell liegt zugrunde, dass die mittellange $b_{14\mathrm{M}}$-Achse in der Schichtebene liegt, während sowohl die lange $a_{14\mathrm{M}}$-Achse als auch die kurze $c_{14\mathrm{M}}$-Achse abwechselnd in und senkrecht zur Schichtebene ausgerichtet sind [Bus09]. Das Modell erlaubt, die tetragonale Verzerrung c/a der Martensitphase zu ermitteln. Diese liegt, wie auch im Fall der hier vorgestellten Schicht, bei ca. 0,9 und ist damit charakteristisch für 14M-Martensit. Auf dieser Basis können Typ X-Zwillingsgrenzen auf eine $a_{14\mathrm{M}}$-$c_{14\mathrm{M}}$-Verzwillingung von 14M-Martensitvarianten zurückgeführt werden. Demgegenüber steht das unregelmäßige Höhenprofil von Typ Y-Zwillingsgrenzen, das nicht zur Berechnung der tetragonalen Verzerrung verwendet werden kann.

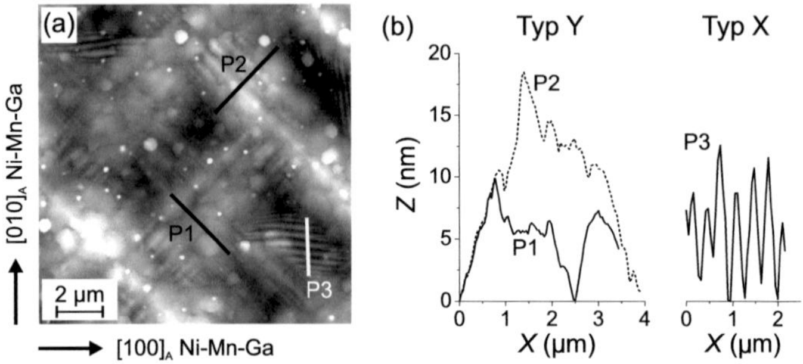

Abb. 4.3: Die AFM-Aufnahme (a) sowie die entsprechenden Höhenprofile (b) zeigen einen geringen und unregelmäßigen Kontrast im Bereich der Typ Y-Zwillingsgrenzen (P1 und P2), während Typ X-Zwillingsgrenzen (P3) ein regelmäßiges Höhenprofil aufweisen.

4.2 Strukturanalyse

Wie bereits in Kap. 2.3 erläutert, sind die martensitischen Varianten aufgrund der Randbedingungen am Substrat um bis zu 10° in Bezug zur Substratnormalen verkippt. Dadurch sind einfache Θ-2Θ-Messungen in Bragg-Brentano-Geometrie nicht ausreichend, um alle martensitischen Varianten zu erfassen. Die Probe muss um bis zu 10° verkippt werden, um die Martensitstruktur mittels Röntgendiffraktometrie untersuchen zu können. Die Kippung der Probe wurde in den Θ-2Θ-Untersuchungen durch einen ω-Offset des einfallenden Strahles von 1° bis 10° realisiert. Die so experimentell ermittelten Röntgendiffraktogramme sind in Abb. 4.4 für Typ X-(a) sowie Typ Y-(b) Zwillingsgrenzen dargestellt. Dabei ist nur der Winkelbereich wiedergegeben, in dem die {400}-Reflexe der verschiedenen Martensitphasen auftreten, was für die Verwendung von Co-Kα-Strahlung dem Winkelbereich $60° \leq 2\Theta \leq 90°$ entspricht. Die in Abb. 4.4 eingezeichneten Literaturwerte wurden Messungen von Pons *et al.* [Pon00] entnommen. Aufgrund des verwendeten Liniendetektors mit einem Öffnungswinkel von $\Delta\omega \approx 3°$ ist der 002-Reflex des epitaktisch gewachsenen Cr-Puffers [Bac10] noch bei einem Kippwinkel von $\omega = 1°$ detektierbar. In den Diffraktogrammen der Typ X und der Typ Y-Zwillingsgrenzen wird eine Vielzahl von Reflexen beobachtet, die mit steigendem Kippwinkel ineinander überzugehen scheinen. Vergleicht man die Reflexlagen für die verschiedenen Zwillingsgrenzenorientierungen bei identischem Kippwinkel, sind lediglich bei einem Kippwinkel von $\omega = 3°$ Übereinstimmungen zu erkennen. Beide Typen zeigen hier einen Reflex bei $2\Theta \approx 81{,}4°$, der sich stark in der Intensität unterscheidet. Betrachtet man dagegen den Kippwinkel von $\omega = 2°$, ist im Fall von Typ X ein

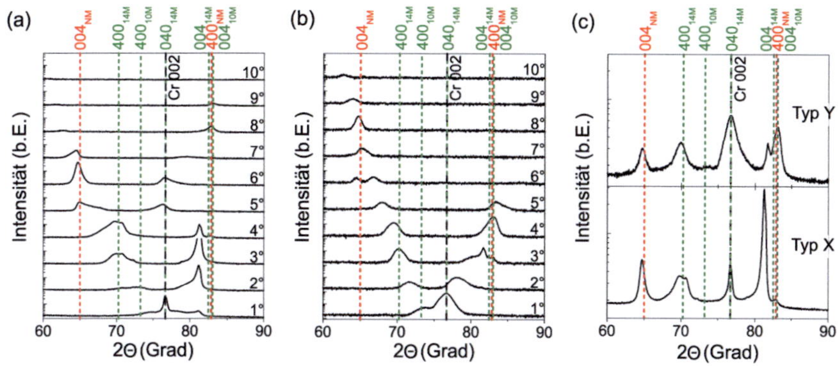

Abb. 4.4: Die Θ-2Θ-Messungen bei Kippwinkeln zwischen 1° und 10° von Typ X (a) und Typ Y (b) Zwillingsgrenzen lassen aufgrund der verschiedenen Reflexpositionen auf verschiedene Martensitphasen schließen. Die Addition über alle Kippwinkel (c) zeigt die gleichen Reflexpositionen mit verschiedenen Reflexintensitäten. Die experimentell ermittelten Reflexe werden mit Literaturwerten von Pons *et al.* [Pon00] verglichen.

intensiver Reflex bei $2\Theta = 81,2^\circ$ zu erkennen, der bei Typ Y nicht auftritt (Abb. 4.4 a, b). Umgekehrt ist dies auch der Fall für ein ω-Offset von 8°. Hier zeigt Typ Y einen intensiven Reflex bei $2\Theta = 64,8^\circ$, der für Typ X nicht beobachtet wird. Zur besseren Vergleichbarkeit von Typ X und Typ Y wurden die Intensitäten der Kippwinkel von 1° bis 10° aufsummiert und in Abb. 4.4 c zusammengefasst. Trotz der großen Unterschiede zwischen beiden Typen, die in Abb. 4.4 a und b ersichtlich sind, zeigt die Addition über alle Kippwinkel die gleichen Reflexpositionen für Typ X und Typ Y (Abb. 4.4 c). Die aufsummierten Diffraktogramme unterscheiden sich nur hinsichtlich der Intensität der einzelnen Reflexe bzw. der Intensitätsverhältnisse.

Die Indizierung der auftretenden Röntgen-Reflexe scheint eindeutig zu sein, da nahezu alle Reflexe anhand von Literaturwerten von Pons *et al.* [Pon00] erklärt werden können. Luo *et al.* [Luo11] haben jedoch gezeigt, dass bei Kippung der Probe eine Vielzahl von Reflexen beobachtet werden kann, die nicht mit fundamentalen Martensitreflexen übereinstimmen. Vielmehr handelt es sich dabei um Überstrukturreflexe des 14M-Martensit, die auch in Winkelbereichen auftreten, in denen man theoretisch Reflexe von NM-Martensit erwarten würde [Luo11]. Zur eindeutigen Indizierung der auftretenden Röntgenreflexe wurden von Robert Niemann zusätzliche Berechnungen durchgeführt.

Die Grundlage der Berechnungen bildet die Theorie von Wechsler, Lieberman und Read (WLR) [Wec53]. Ausgehend von den Gitterparametern von Austenit a_0 und Martensit

a_{NM} und c_{NM} können damit sowohl die Orientierungen der entstehenden Martensitvarianten als auch die Orientierungen der Habitus-Ebenen beschrieben werden. Für die Berechnung wird vorausgesetzt, dass sich der kubische Austenit mit einer Gitterkonstante a_0 in eine NM-Elementarzelle mit einer experimentell bestimmten tetragonalen Verzerrung von $c_{\mathrm{NM}}/a_{\mathrm{NM}} = 1{,}24$ umwandelt. Die NM-Elementarzelle kann dabei entlang aller drei Raumrichtungen ausgerichtet sein. Die WLR-Theorie besagt, dass die Habitus-Ebene zwischen Austenit und NM-Martensit invariant, d. h. spannungsfrei, sein muss [Wec53]. Wenn das Volumen der Elementarzelle während der martensitischen Umwandlung konstant bleibt, kann diese Bedingung nur erfüllt werden, wenn sich an der Grenzfläche verschieden orientierte NM-Varianten abwechseln. Diese verschieden orientierten NM-Varianten sind durch Zwillingsgrenzen mit geringer Grenzflächenenergie miteinander verbunden. Nimmt man an, dass die NM-Varianten so klein wie möglich sind, kann das entstehende nanoverzwillingte Gefüge im Rahmen des adaptiven Konzepts [Kha91] auch mit einer monoklinen Zelle beschrieben werden. Diese entspricht einer 14M-Elementarzelle, die jedoch auch Stapelfehler enthalten kann. Für diese monokline Zelle ergeben sich 12 mögliche Variantenorientierungen. Durch Verzwillingung der 14M-Varianten erhält man 66 Variantengruppen, woraus sich eine Vielzahl möglicher Habitus-Ebenen ergibt. Die Berechnung liefert sowohl die Orientierung aller möglicher 14M-Varianten als auch die Art der die Varianten verbindenden Zwillingsgrenzen. Somit kann zwischen $a_{14\mathrm{M}}$-$b_{14\mathrm{M}}$-, $b_{14\mathrm{M}}$-$c_{14\mathrm{M}}$- oder $a_{14\mathrm{M}}$-$c_{14\mathrm{M}}$-Verzwillingung unterschieden werden. Mithilfe der Berechnungen können sowohl die experimentell bestimmten Röntgendiffraktogramme als auch die Reflexlagen in den verschiedenen Polfiguren erklärt werden.

Die Rechnungen zeigen, dass die beobachteten Reflexe in den aufsummierten Röntgendiffraktogrammen (Abb. 4.4 c) den fundamentalen 400-Reflexen von 14M- und NM-Martensit zugeordnet werden können. Dabei kann die Reflexaufspaltung im Winkelbereich von $2\Theta = 82^\circ$ mit dem $004_{14\mathrm{M}}$- und dem 400_{NM}-Reflex erklärt werden, wobei der $004_{14\mathrm{M}}$-Reflex bei einem kleineren 2Θ-Wert auftritt. Die beste Übereinstimmung zwischen den berechneten und experimentell ermittelten Röntgendiffraktogrammen ergibt sich für den Fall, dass Typ X-Zwillingsgrenzen 14M-Varianten miteinander verbinden, deren $b_{14\mathrm{M}}$-Achse in der Schichtebene liegt, während $a_{14\mathrm{M}}$ und $c_{14\mathrm{M}}$ abwechselnd in bzw. senkrecht zur Schichtebene orientiert sind. Bei Typ Y-Zwillingsgrenzen ist die $b_{14\mathrm{M}}$-Achse senkrecht zur Schichtebene ausgerichtet. Hier liegen $a_{14\mathrm{M}}$ und $c_{14\mathrm{M}}$ in der Schichtebene. Demnach lassen die Berechnungen den Schluss zu, dass es sich sowohl bei Typ X als auch Typ Y-Zwillingsgrenzen um mesoskopische Zwillingsgrenzen des 14M-Martensit handelt. Jedoch werden in den Rönt-

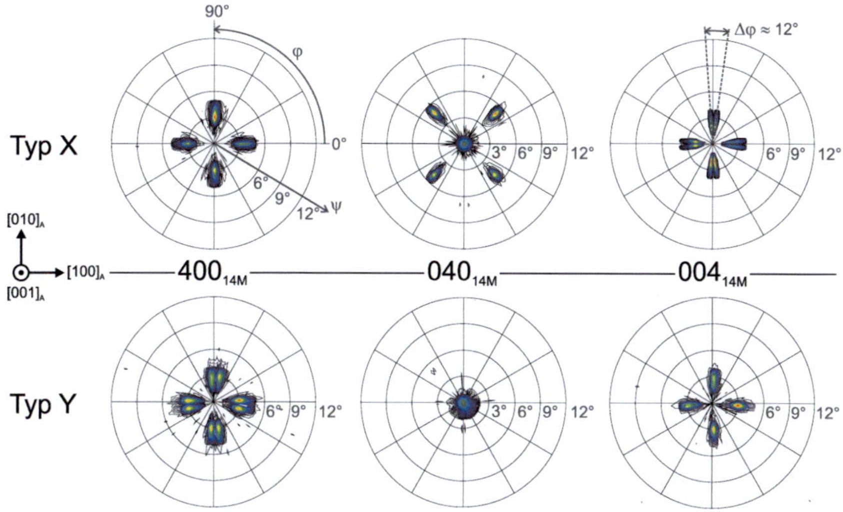

Abb. 4.5: Polfiguren von 400_{14M}, 040_{14M} und 004_{14M} zeigen verschiedene Aufspaltungen der jeweiligen Reflexe für Typ X und Typ Y.

gendiffraktogrammen (Abb. 4.4 c) ebenfalls Reflexe beobachtet, die dem nicht-modulierten Martensit zugeordnet werden können. Die Größe der NM-Varianten, die für die kohärente Streuung der Röntgenstrahlung verantwortlich ist, kann anhand der Scherrer-Formel abgeschätzt werden [Bir06]. Diese Abschätzung ergibt eine Variantengröße von ca. 10 nm, die durch Vergröberung der 14M-Martensitphase entstehen kann [Kau11].

Da die untersuchten Schichten keinen makroskopischen NM-Martensit enthalten, sind in Abb. 4.5 nur die Polfiguren des 14M-Martensits 400_{14M}, 040_{14M} und 004_{14M} im Vergleich für Typ X und Typ Y dargestellt. Die 400_{14M}, 040_{14M} und 004_{14M} Polfiguren von Typ X und Y wurden jeweils beim gleichen 2Θ-Wert gemessen. Diese Werte wurden aus dem Röntgendiffraktogramm in Abb. 4.4 c ermittelt. Die Polfiguren der verschiedenen Zwillingsgrenzentypen zeigen jeweils eine vierfache Symmetrie, die auf das epitaktische Wachstum der Ni-Mn-Ga-Schicht zurückzuführen ist [Tho09]. Der Unterschied zwischen Typ X und Typ Y liegt lediglich in der Aufspaltung der gemessenen Reflexe, die auf verschiedene Verzwillingungen von Varianten hinweisen. So zeigt z. B. die 004_{14M}-Polfigur von Typ X eine Reflexaufspaltung in ϕ-Richtung, d. h. eine Rotation in der Schichtebene. Die Aufspaltung beträgt ca. 12° und entspricht dem Winkel zwischen verschiedenen, parallel verlaufenden Laminaten, der in Abb. 4.1 b gekennzeichnet ist. Mithilfe der berechneten

Polfiguren (hier nicht gezeigt) kann diese Reflexaufspaltung in ϕ-Richtung mit verschiedenen Habitus-Ebenen der 14M-Varianten erklärt werden. Die 040_{14M}-Polfigur von Typ X zeigt einen schwachen Reflex in der Mitte der Polfigur, während bei $\psi = 5°$ und einem Rotationswinkel von $\phi = 45°$ vier relativ intensive Reflexe zu sehen sind. Im Fall von Typ Y konnten diese zusätzlichen Reflexe nicht beobachtet werden. Hier dominiert der Reflex in der Mitte der Polfigur. Die Berechnungen haben ergeben, dass die zusätzlichen Reflexe in der 040_{14M}-Polfigur auf eine a_{14M}-b_{14M}-Verzwillingung der 14M-Varianten hinweist. Alle anderen auftretenden Intensitäten innerhalb der verschiedenen Polfiguren können mit einer a_{14M}-c_{14M}-Verzwillingung von 14M-Varianten erklärt werden.
Um den Verlauf der Typ X bzw. Typ Y-Zwillingsgrenzen durch den Schichtquerschnitt zu untersuchen, wurden jeweils TEM-Lamellen so präpariert, dass die Zwillingsgrenzen in einem Winkel von 90° geschnitten werden. Für Typ X-Zwillingsgrenzen wurde die Schicht demnach entlang einer $[100]_A$-Kante des Austenits geschnitten (S1 in Abb. 4.6 a). Abb. 4.6 b zeigt die Hellfeld-Aufnahme des Querschnitts. Die Lamelle wird dabei im Elektronenmikroskop so ausgerichtet, dass der Elektronenstrahl annähernd parallel zu den Zwillingsgrenzen verläuft. Man erkennt eindeutig den lagenförmigen Aufbau der Schicht bestehend aus MgO-Substrat, Cr-Puffer, Ni-Mn-Ga-Schicht und der Pt-Schutzschicht. In der Ni-Mn-Ga-Schicht sind helle und dunkle Bereiche deutlich sichtbar. Diese Bereiche sind durch Linien abgegrenzt, die in einem Winkel von ca. 45° durch den Querschnitt verlaufen. Die Helligkeitsänderung über die Grenzen hinweg zeigt, dass sich die Orientierung der Elementarzellen zwischen den hellen und dunklen Bereichen ändert. Dies ist ein erster Hinweis darauf, dass es sich bei den beobachteten Linien um Zwillingsgrenzen handelt, die verschieden orientierte Varianten miteinander verbinden. Die einzelnen Varianten werden im Bereich des Substrates dünner. Dieses sogenannte Branching von Varianten dient dem Abbau von elastischer Energie an der Grenzfläche zum Austenit bzw. Substrat [Koh92]. Außerdem ist in der Hellfeld-Abbildung ein zusätzlicher Kontrast innerhalb der einzelnen Varianten sichtbar, der nicht ohne weiteres identifiziert werden kann. Durch Feinbereichsbeugung der entlang S1 präparierten Lamelle (hier nicht gezeigt) konnten die beobachteten Zwillingsgrenzen als a_{14M}-c_{14M}-Zwillingsgrenzen identifiziert werden.
Die 14-fache Modulation der Elementarzelle ergibt sich bei einer perfekten chemischen Ordnung der Struktur, da die Translationssymmetrie gewährleistet sein muss. Die chemische Ordnung spielt jedoch in der Feinbereichsbeugung nur eine untergeordnete Rolle. Die Streuamplituden von Ni, Mn und Ga ähneln sich aufgrund der ähnlichen Ordnungszahlen so sehr, dass man nicht zwischen den einzelnen Elementen unterscheiden kann. Aus

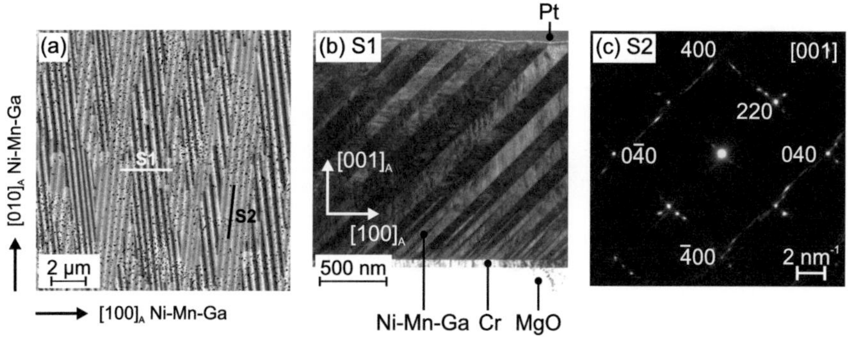

Abb. 4.6: (a) Die Typ X-Zwillingsgrenzen sind in der REM-Aufnahme durch ihre Spuren parallel zur $[100]_A$-Richtung gekennzeichnet. Für die TEM-Untersuchung wurden mittels FIB Lamellen senkrecht (S1) bzw. parallel zu den Spuren der Zwillingsgrenzen (S2) präpariert. In der Hellfeld-Abbildung des Schnittes S1 (b) sind Zwillingsgrenzen zu erkennen, die in einem Winkel von ca. 45° durch den Schichtquerschnitt verlaufen. Das Beugungsbild des Schnittes S2 (c) zeigt, dass die b_{14M}-Achse in der Schichtebene liegt, während a_{14M} und c_{14M} abwechselnd senkrecht zu Schichtebene orientiert sind.

diesem Grund genügt hier zur Beschreibung der Elementarzelle eine 7-fache Modulation. Diese ist durch das Auftreten von sechs Überstrukturreflexen zwischen zwei fundamentalen Reflexen der 14M-Struktur gekennzeichnet. Die Modulation bzw. die Überstrukturreflexe können mithilfe der Feinbereichsbeugung an einer zweiten TEM-Lamelle sichtbar gemacht werden. Der FIB-Schnitt erfolgte hier entlang der Zwillingsgrenzen an der Schichtoberfläche (S2 in Abb. 4.6 a) und ist in Abb. 4.6 c dargestellt. Dabei wurde die Blende so gewählt, dass mehrere Varianten erfasst werden. Die Zonenachse [001] bezieht sich hier nicht auf die Orientierung des Austenits, sondern auf die 14M-Elementarzelle, d. h. die Lamelle wurde so ausgerichtet, dass der Elektronenstrahl parallel zur c_{14M}-Achse ist. In dieser Ausrichtung sollten zwischen dem 400-Reflex und dem 220-Reflex sechs scharfe Überstrukturreflexe sichtbar sein. Die tatsächlich beobachteten Überstrukturreflexe sind jedoch verschmiert, was auf eine stark gestörte Modulation durch zahlreiche Stapelfehler hindeutet. Die horizontale Ausrichtung des 040- bzw. des 0$\bar{4}$0-Reflexes gibt an, dass die Ausrichtung der b_{14M}-Achse in der Schichtebene im Fall von Typ X-Zwillingsgrenzen dominiert. Da die Blickrichtung der c_{14M}-Achse entspricht, muss hier die a_{14M}-Achse senkrecht zur Schichtebene ausgerichtet sein.

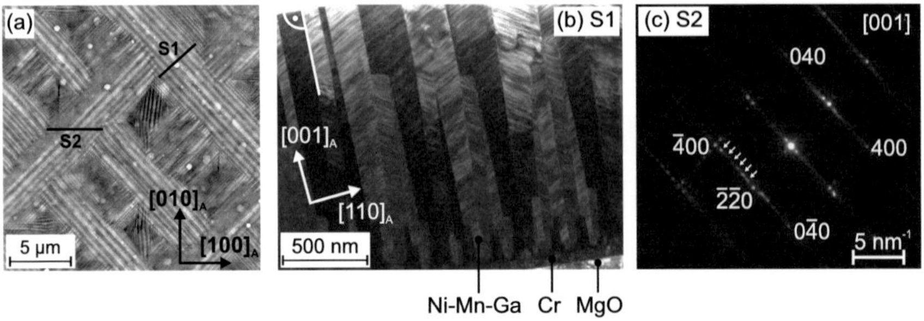

Abb. 4.7: (a) Die Typ Y-Zwillingsgrenzen sind in der REM-Aufnahme durch ihre Spuren parallel zur $[110]_A$-Richtung gekennzeichnet. Für die TEM-Untersuchung wurden mittels FIB Lamellen entlang der $[110]_A$-Richtung (S1) bzw. entlang der $[100]_A$-Richtung (S2) präpariert. In der Hellfeld-Abbildung des Schnittes S1 (b) sind Zwillingsgrenzen zu erkennen, die senkrecht durch den Schichtquerschnitt verlaufen. Das Beugungsbild des Schnittes S2 (c) zeigt, dass die b_{14M}-Achse senkrecht zur Schichtebene ausgerichtet ist, während a_{14M} und c_{14M} in der Schichtebene liegen.

Die TEM-Untersuchungen der Typ Y-Zwillingsgrenzen sind in Abb. 4.7 dargestellt. Die in Abb. 4.7 b dargestellte Hellfeld-Abbildung wurde an einer Lamelle angefertigt, die senkrecht zu den Spuren der Zwillingsgrenzen an der Schichtoberfläche (S1 in Abb. 4.7 a) präpariert wurde. Der lagenförmige Aufbau der Schicht bestehend aus MgO, Cr und Ni-Mn-Ga ist auch hier gut zu erkennen. Die hellen und dunklen Bereiche unterschiedlicher Orientierung werden durch Zwillingsgrenzen verbunden, die senkrecht durch den Schichtquerschnitt verlaufen. Auch hier ist eine Verfeinerung der Varianten mit Annäherung an das Substrat zu erkennen. Innerhalb der einzelnen Varianten ist ein zusätzlicher Kontrast sichtbar, der nicht eindeutig zugeordnet werden kann.
Mithilfe einer Lamelle der Orientierung S1 kann die Modulation der 14M-Elementarzelle nicht sichtbar gemacht werden. Aus diesem Grund ist in Abb. 4.7 c die Feinbereichsbeugung an einer TEM-Lamelle dargestellt, die entlang einer $[100]_A$-Richtung (S2 in Abb. 4.7 a) präpariert wurde. Für das Beugungsbild in Abb. 4.7 c wurde die Lamelle so ausgerichtet, dass die Zonenachse der [001]-Richtung und demnach der c_{14M}-Achse entspricht. Hier ist die modulierte Struktur deutlich anhand der sechs Überstrukturreflexe zwischen dem $\bar{4}00$- und dem $\bar{2}\bar{2}0$-Reflex nachweisbar (Abb. 4.7 c). Zusätzlich gibt das Beugungsbild die Information, dass die b_{14M}-Achse der modulierten 14M-Phase senkrecht zur Schichtebene orientiert ist und damit parallel zur $[001]_A$-Achse des Austenits liegt. Damit liegen sowohl a_{14M} als auch c_{14M} in der Schichtebene.

4.3 Magnetische Eigenschaften

Die Strukturanalyse hat gezeigt, dass in den untersuchten Ni-Mn-Ga-Schichten mesoskopische Zwillingsgrenzen mit unterschiedlichen Orientierungen der 14M-Elementarzellen vorliegen. Während bei Typ X die Richtung von b_{14M} in der Schichtebene dominiert, ist im Fall von Typ Y b_{14M} senkrecht zur Schichtebene ausgerichtet. Diese a_{14M}-c_{14M}-Zwillingsgrenzen konnten in Massivmaterialien mithilfe eines äußeren Magnetfeldes bewegt werden [Soz02]. Die Untersuchung der magnetischen Eigenschaften von Schichten mit Typ X und Typ Y-Zwillingsgrenzen sind in Abb. 4.8 zusammengefasst. Die temperaturabhängige Polarisation liefert dabei den Übergang zwischen ferro- und paramagnetischer Phase. Zusätzlich kann häufig auch der martensitische Übergang aufgrund der verschiedenen magneto-kristallinen Anisotropien von Austenit und Martensit erfasst werden. Die Polarisation in Abhängigkeit der Temperatur ist in Abb. 4.8 a für Typ X und Typ Y-Zwillingsgrenzen gezeigt. Beide Kurven zeigen einen starken Anstieg der Polarisation mit sinkender Temperatur. Dieser Anstieg kennzeichnet den ferromagnetischen Übergang und damit die Curie-Temperatur T_C des Materials, die aus der quadratischen Abhängigkeit der Polarisation von der Temperatur ermittelt wurde (hier nicht gezeigt). Die verschiedenen Schichten weisen verschiedene Curie-Temperaturen mit $T_C = 362\,K$ für Typ X und $T_C = 338\,K$ für Typ Y auf. Da beide Schichten eine ähnliche Zusammensetzung mit vergleichbarem e/a-Verhältnis haben, kann die Zusammensetzung nicht der Grund für die großen Unterschiede sein. Da die Substrattemperatur während der Abscheidung identisch war, sollte auch die chemische Ordnung der beiden Schichten vergleichbar sein, da diese durch Diffusion der einzelnen Komponenten auf dem Substrat eingestellt wird.

Der martensitische Übergang, der durch einen deutlichen Abfall der Polarisation bei Kühlung und einen erneuten Anstieg bei Heizen charakterisiert ist, wird weder bei Typ X noch bei Typ Y beobachtet. Die Strukturanalyse hat jedoch eindeutig gezeigt, dass die untersuchten Schichten bei Raumtemperatur 14M-Martensit aufweisen. Somit liegt der Martensitübergang im Temperaturbereich oberhalb der Curie-Temperatur und kann damit durch Messung der Polarisation nicht mehr erfasst werden. Für den Fall von Typ X weist die schwache Hysterese im Bereich der Curie-Temperatur darauf hin, dass sich der ferromagnetische und der martensitische Übergang überlagern. Ausgehend vom Austenit würde man demnach bei Abkühlung zunächst T_C des Austenits und beim anschließenden Heizen T_C des Martensits messen, die sich leicht unterscheiden können. Im Falle anderer Heusler-Legierungen wie z. B. Ni-Mn-Sn liegt der Unterschied zwischen der Curie-Temperatur von Austenit und Martensit bei 90 K [Kre05].

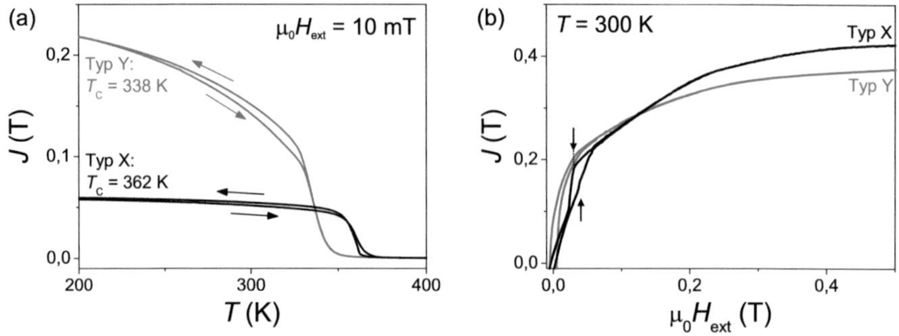

Abb. 4.8: Weder die Schichten mit überwiegend Typ X noch Typ Y-Zwillingsgrenzen zeigen eine martensitische Umwandlung im Temperaturbereich von 200 bis 400 K (a). (b) Nur bei Schichten mit Typ X-Zwillingsgrenzen kann man bei Raumtemperatur einen Sprung in der Hysteresekurve beobachten, der auf magnetfeldinduzierte Umverteilung von Varianten hinweist. Das äußere Magnetfeld wurde bei beiden Messungen entlang der [100]-Kanten der Ni-Mn-Ga-Austenitelementarzelle angelegt.

Das Verhalten der Schichten in einem äußeren Magnetfeld bis 2 T wurde bei konstanter Temperatur von 300 K untersucht. Zur Sättigung der Schichten in der Schichtebene war ein Feld von ca. 1 T ausreichend, das entlang der $[100]_A$-Kante von Austenit ausgerichtet war. Der Ausschnitt in Abb. 4.8 b verdeutlicht die Unterschiede zwischen den beiden Zwillingsgrenzenorientierungen bei geringen äußeren Feldern. Während die Polarisation von Typ Y stetig ansteigt, weist die Hysteresekurve des Typ X sowohl im Auf- als auch im Entmagnetisierungsast Sprünge auf. Diese Sprünge wurden schon von Thomas *et al.* [Tho08a] beobachtet und deuten auf die magnetfeldinduzierte Umorientierung von martensitischen Varianten hin. Eine Änderung der lateralen Schichtausdehnung wird durch das starre Substrat behindert, damit kann die Umorientierung nicht zu einer makroskopischen Dehnung führen. Vielmehr werden die Varianten mit der mittellangen b_{14M}-Achse entlang des äußeren Magnetfeldes bevorzugt und wachsen auf Kosten der anderen Varianten. Dies führt zu einer Verringerung der freien Energie, der Zustand ist jedoch nur bei hohen äußeren Feldern stabil und geht bei Verringerung der äußeren Feldstärke in den Ausgangszustand zurück. Die Reversibilität der magnetfeldinduzierten Variantenumorientierung konnte auf mechanische Spannungen in der Schicht zurückgeführt werden [Tho08a]. Die Ausrichtung der b_{14M}-Achse in Richtung des äußeren Feldes kann nur durch Bewegung von a_{14M}-b_{14M}- bzw. b_{14M}-c_{14M}-Zwillingsgrenzen realisiert werden. Diese Zwillingsgrenzen scheinen hoch beweglich zu sein, da schon ein äußeres Magnetfeld von $H_{ext} \approx 0{,}05$ T ausreicht, um eine interne

Umorientierung von Varianten herbeizuführen. Da nur im Fall von Typ X-Zwillingsgrenzen ein für die interne Umorientierung von Varianten charakteristischer Sprung in der Hysteresekurve beobachtet werden kann, liegt die Vermutung nahe, dass Typ X eine interne a_{14M}-b_{14M}- bzw. b_{14M}-c_{14M}-Verzwillingung vorweisen. Die bestehenden Zwillingsgrenzen scheinen leicht durch ein äußeres Feld bewegt werden zu können und führen zur Reorientierung der martensitischen Varianten. Die magnetischen Messungen von Typ Y-Zwillingsgrenzen zeigen keinen Hinweis auf eine a_{14M}-b_{14M}-Verzwillingung. Demnach müssten die erforderlichen a_{14M}-b_{14M}- bzw. b_{14M}-c_{14M}- Zwillingsgrenzen zunächst gebildet werden. Dies scheint energetisch nicht von Vorteil zu sein, weshalb die Typ Y Struktur keinen Hinweis auf magnetfeldinduzierte Zwillingsgrenzenbewegung zeigt.

Da eine makroskopische Dehnung sowohl für Typ X als auch für Typ Y durch das Substrat behindert ist, kann aus den Messungen der Schichten auf Substrat keine eindeutige Schlussfolgerung auf die Beweglichkeit der beobachteten Zwillingsgrenzen getroffen werden. Vielmehr müssen die Schichten vom Substrat gelöst und die Zwillingsgrenzenbewegung erneut untersucht werden (siehe Kap. 6).

4.4 Mögliche Ursachen für Zwillingsgrenzenorientierung

Bei der Herstellung der Schichten sind verschiedene Parameter zu beachten. So können neben der Targetzusammensetzung auch z. B. die Abscheidetemperatur [Tho08a] oder die Benutzungsdauer des Targets, das sogenannte Targetalter [Nie12], die Schichtzusammensetzung und weitere Schichtparameter beeinflussen. Im nachfolgenden Abschnitt wird diskutiert, welche Schichteigenschaften bzw. Herstellungsparameter maßgeblich für die Einstellung der jeweiligen Zwillingsgrenzenorientierungen verantwortlich sind.

Zusammensetzung

Die Zusammensetzung einer Ni-Mn-Ga-Legierung hat im Fall von Massivmaterialien einen maßgeblichen Einfluss auf die auftretende Martensitphase. Die tetragonale Verzerrung c/a steigt mit ansteigendem Elektron-pro-Atom-Verhältnis e/a [Che02]. Somit sind die modulierten Phasen bei geringen e/a-Verhältnissen bis zu einem Wert von 7,71 stabil, während der nicht-modulierte Martensit ab einem Wert von $e/a = 7{,}61$ auftritt. Für $e/a \geq 7{,}71$ ist in Einkristallen nur der NM-Martensit stabil [Lan04]. Ein Nachteil der Charakterisierung mittels e/a ist, dass das Verhältnis der einzelnen Komponenten Ni, Mn und Ga zueinander in dieser Beschreibung nicht berücksichtigt wird.

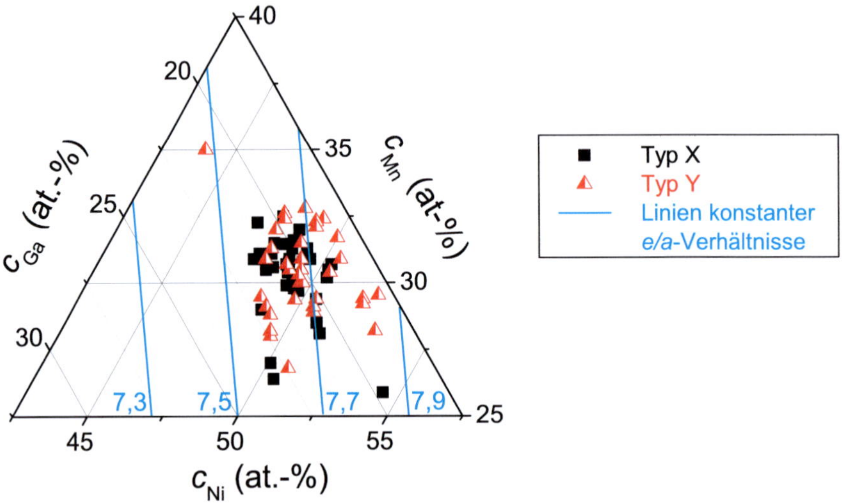

Abb. 4.9: Die Ausbildung der Zwillingsgrenzenorientierung Typ X bzw. Typ Y ist unabhängig von der Schichtzusammensetzung. Auch die Valenzelektronenkonzentration e/a hat keinen Einfluss.

Die im Laufe dieser Arbeit hergestellten Schichten spannen einen großen Bereich des e/a-Verhältnisses von 7,5 bis 7,9 auf. Wendet man das Konzept des Valenzelektron-pro-Atom-Verhältnisses auf dünne Schichten an, so müssten Schichten mit $e/a \geq 7{,}71$ makroskopische NM-Varianten aufweisen. Trotzdem wurde in allen Schichten der modulierte 14M-Martensit beobachtet, was mit der harten Randbedingung des Substrates und der adaptiven Natur von 14M begründet werden kann. Die Zusammensetzung könnte jedoch Auswirkungen auf die verschiedenen Zwillingsgrenzenorientierungen in Ni-Mn-Ga-Schichten ausüben. Die verschiedenen Schichten sind in einem Ausschnitt des ternären Ni-Mn-Ga-Zustandsdiagrammes in Abb. 4.9 zusammengefasst und in das Auftreten von Typ X und Typ Y-Zwillingsgrenzen unterteilt. Zur besseren Orientierung sind in Abb. 4.9 Linien konstanter e/a-Verhältnisse eingezeichnet. Es ist klar ersichtlich, dass weder die einzelnen Gehalte von Ni, Mn oder Ga, noch das üblicherweise zur Charakterisierung verwendete e/a-Verhältnis einen Einfluss auf die Bildung der verschiedenen Zwillingsgrenzenorientierungen ausüben. Damit kann die Zusammensetzung als maßgeblich beeinflussender Faktor ausgeschlossen werden.

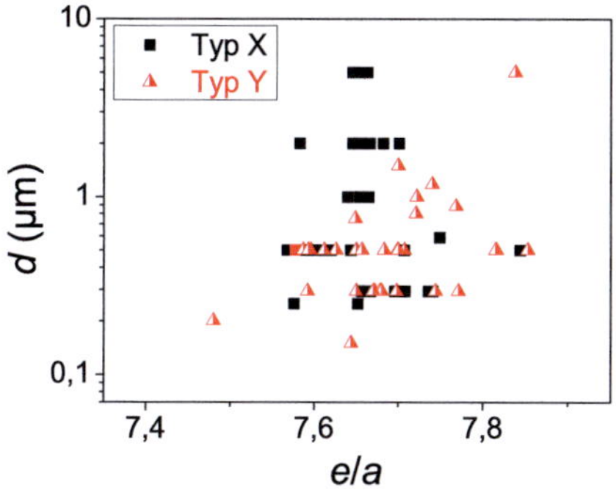

Abb. 4.10: Es ist kein Zusammenhang zwischen Schichtdicke d und dem e/a-Verhältnis erkennbar, der die Ausbildung der verschiedenen Zwillingsgrenzenorientierungen Typ X bzw. Typ Y erklären könnte.

Dicke der Ni-Mn-Ga-Schicht

Die These, ob die auftretenden Zwillingsgrenzenorientierungen von der Dicke der Ni-Mn-Ga-Schicht beeinflusst werden, wird im Folgenden diskutiert. Dabei muss beachtet werden, dass die Grenzfläche zum Substrat und die Schichtoberfläche zwei Grenzflächen darstellen, an denen verschiedene Spannungszustände vorherrschend sind. Die hohe elastische Energien im Bereich der Grenzfläche zum Substrat kann nur durch Einbau von zahlreichen Zwillingsgrenzen abgebaut werden. Mit zunehmendem Abstand zur Substratgrenzfläche verringert sich deren Einfluss, die Zwillingsvarianten vergröbern, was auch in den TEM-Aufnahmen in Abb. 4.6 b und Abb. 4.7 b ersichtlich ist. Diese unterschiedlichen Spannungszustände an den verschiedenen in Ni-Mn-Ga-Schichten beobachteten Grenzflächen könnten einen Einfluss auf die Zwillingsgrenzenorientierungen ausüben. Denkbar wäre, dass Typ X-Zwillingsgrenzen z. B. an der Schichtoberfläche gebildet werden und nach unten wachsen, während Typ Y-Zwillingsgrenzen ihren Ursprung an der Grenzfläche zum Substrat haben könnten. Der Möglichkeit, dass die verschiedenen Zwillingsgrenzentypen an verschiedenen Oberflächen gebildet werden, widerspricht jedoch die Tatsache, dass beide Zwillingsgrenzentypen durch den gesamten Schichtquerschnitt verlaufen. Auch bei gleichzeitig nebeneinander vorliegenden Typ X und Typ Y-Zwillingsgrenzen ist dies der Fall, wie TEM-Untersuchungen bestätigt haben.

Die im Rahmen dieser Arbeit hergestellten Schichten umfassen einen Dickenbereich von 30 nm bis 5 µm. In Abb. 4.10 ist die Schichtdicke in Abhängigkeit von e/a aufgetragen, dabei wird zwischen Auftreten von Typ X und Typ Y-Zwillingsgrenzen unterschieden. Auch hier ist kein Zusammenhang zwischen Schichtdicke und Zwillingsgrenzentyp ersichtlich. Es ist lediglich eine leichte Tendenz erkennbar, dass dicke Schichten im Bereich von mehreren µm eher Typ X-Zwillingsgrenzen aufweisen, während in Schichten mit Dicken von $\leq 500\,\mathrm{nm}$ gehäuft Typ Y-Zwillingsgrenzen auftreten. Jedoch sind auch hier Abweichungen von der Tendenz erkennbar.

Fazit

Die Untersuchungen haben ergeben, dass kein Zusammenhang zwischen Zusammensetzung, Dicke und Zwillingsgrenzenorientierung existiert. Auch eine Reihe weiterer Prozessparameter wurde hinsichtlich ihres Einflusses auf die Einstellung der Zwillingsgrenzenorientierung hin untersucht. Es hat sich gezeigt, dass weder die Substrattemperatur während der Abscheidung noch die Dicke des Cr-Puffers, etwaige Targetverunreinigungen oder das verwendete Sputtergas die beobachtete Zwillingsgrenzenorientierung beeinflussen. Da es sich bei Typ X und Typ Y um die gleiche Kristallstruktur handelt und sich nur die Orientierung der mesoskopischen Zwillingsgrenze unterscheidet, lässt sich schlussfolgern, dass die Energieunterschiede zwischen den beobachteten Zwillingsgrenzenorientierungen minimal sind und das Zusammenspiel mehrerer Prozessparameter ausschlaggebend für die Einstellung von Typ X bzw. Typ Y-Zwillingsgrenzen ist. Dies macht es kaum möglich, eine gewünschte Zwillingsgrenzenorientierung einzustellen, da nicht klar ist, welche Prozessparameter besonders beachtet werden müssen. Als Faustformel kann man aber davon ausgehen, dass sich eine lange Vorsputterzeit vorteilhaft auf eine definierte Zwillingsgrenzenorientierung auswirkt. Durch langes und intensives Vorsputtern nähert man sich dem Gleichgewicht in der Belegung der Kammerinnenwand an und kann so verhindern, dass sich eventuelle Rückstände von anderen Targetmaterialien auf der Schicht absetzen und zur Bildung unerwünschter Orientierungen führen.

4.5 Betrachtungen zur Bewegung der verschiedenen Zwillingsgrenzentypen

Die Bewegung von $a_{14\mathrm{M}}$-$c_{14\mathrm{M}}$-Zwillingsgrenzen bei Anlegen eines magnetischen Feldes ist Voraussetzung für die Ausnutzung der maximal erreichbaren Dehnung von ca. 10 %. Bei Schichten auf dem Substrat ist diese Bewegung blockiert, da die Ausdehnung der Schicht durch das Substrat vorgegeben ist. Es kann lediglich eine Umorientierung von martensitischen Varianten beobachtet werden, wobei sich die laterale Ausdehnung nicht ändert. Diese Umorientierung wird durch Bewegung von a_{14M}-b_{14M}- bzw. b_{14M}-c_{14M}-Zwillingsgrenzen realisiert und konnte für die Typ X Struktur nachgewiesen werden [Tho08a]. Aus diesen Beobachtungen kann jedoch nicht auf die Beweglichkeit der verschieden orientierten a_{14M}-c_{14M}-Zwillingsgrenzen geschlossen werden, die in diesem Kapitel vorgestellt wurden. Die Beweglichkeit von Typ X bzw. Typ Y-Zwillingsgrenzen bei Anlegen eines magnetischen Feldes in der Schichtebene wird im nachfolgenden Abschnitt für den Fall freistehender Schichten diskutiert. Dabei steht die Wechselwirkung verschieden orientierter Zwillingsgrenzen im Mittelpunkt. Dabei können die senkrecht zur Schichtebene wirkenden Kräfte vernachlässigt werden, da sowohl Zwillingsgrenzen von Typ X auch auch von Typ Y durch den gesamten Schichtquerschnitt verlaufen. Die Betrachtungen konzentrieren sich demnach auf die Wechselwirkungskräfte, die innerhalb der Schichtebene auftreten. Außerdem wird das Pinning von Zwillingsgrenzen an Punktdefekten vernachlässigt. Zunächst werden verschiedene Konfigurationen von Typ X und Typ Y einzeln betrachtet. Anschließend wird ein Komposit bestehend aus beiden Zwillingsgrenzentypen diskutiert.

4.5.1 Ausschließlich Typ X-Zwillingsgrenzen

Typ X-Zwillingsgrenzen hinterlassen Spuren an der Oberfläche, die entlang der $[100]_A$- bzw. $[010]_A$-Richtung ausgerichtet sind. Sie verbinden Varianten, deren mittellange b_{14M}-Achse in der Schichtebene liegt. Die lange a_{14M}- und die kurze c_{14M}-Achse sind abwechseln in und senkrecht zur Schichtebene orientiert und bilden damit ein charakteristisches Höhenprofil an der Schichtoberfläche aus (siehe Abb. 4.11 a und b).

Die einfachste Konfiguration des Typ X besteht aus Zwillingsgrenzen, die sowohl an der Schichtoberfläche als auch im Schichtquerschnitt parallel verlaufen. Dies ist in Abb. 4.11 schematisch dargestellt. In dem skizzierten Beispiel sind die Spuren der Zwillingsgrenzen entlang der $[010]_A$-Richtung orientiert. Die zur Bewegung der Zwillingsgrenzen aufzubringende Spannung ist vom Schmid-Faktor m abhängig. Der Wert von m ist in dem in Abb. 4.11 skizzierten Fall von der Richtung des äußeren Magnetfeldes H_{ext} abhängig. Wird H_{ext} entlang der $[100]_A$-Richtung und damit senkrecht zu den Spuren der Zwillingsgrenzen an der Schichtoberfläche angelegt, so ist der Schmid-Faktor maximal und beträgt $m_{[100]_A} = 0{,}5$. Dadurch wird die Zwillingsgrenzenspannung σ_{ZG} minimal, die Zwillingsgrenzenbewegung kann durch ein äußeres Magnetfeld induziert werden. Die maximal erreichbare Dehnung ist bei einer solchen Konfiguration reduziert, da bereits im Ausgangszustand Varianten

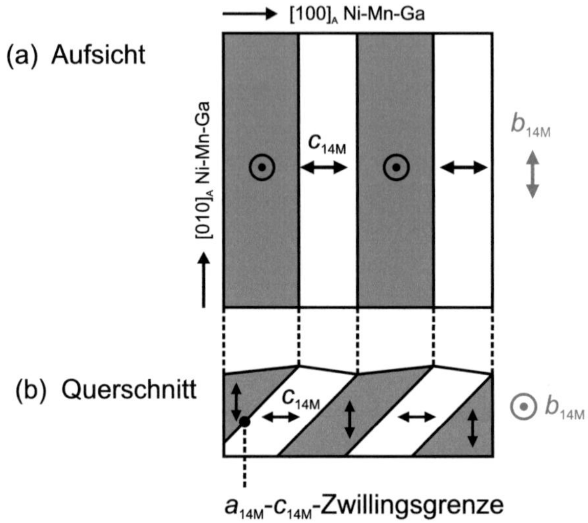

Abb. 4.11: Die ideale Konfiguration von Typ X-Zwillingsgrenzen weist sowohl an der Oberfläche (a) als auch im Querschnitt (b) parallel verlaufende Zwillingsgrenzen auf.

existieren, deren kurze und magnetisch leichte $c_{14\mathrm{M}}$-Achse entlang des äußeren Feldes ausgerichtet ist. Die Dehnung hängt damit vom c/a-Verhältnis und vom Anteil der Varianten ab, die durch das Magnetfeld umorientiert werden können. Bei einer Gleichverteilung der Varianten, wird die maximal erreichbare Dehnung halbiert und entspricht demnach ca. 5 % für 14M. Wirkt das äußere Magnetfeld dagegen entlang der $[010]_\mathrm{A}$-Richtung und damit entlang der Zwillingsgrenzen, beträgt der Schmid-Faktor $m_{[010]_\mathrm{A}} = 0$. Diese Orientierung von Typ X-Zwillingsgrenzen kann demnach nicht durch das äußere Magnetfeld bewegt werden.

Die hier betrachteten $a_{14\mathrm{M}}$-$c_{14\mathrm{M}}$-Zwillingsgrenzen von Typ X werden während der martensitischen Umwandlung an verschiedenen Keimzentren gebildet. Für die Bildung von martensitischen Varianten mit der Ausrichtung der $b_{14\mathrm{M}}$-Achse in der Schichtebene existieren vier gleichwertige Möglichkeiten, aus denen sich vier Zwillingsgrenzenorientierungen des Typ X ergeben. Die Bildung der verschiedenen Orientierungen kann nicht durch Herstellungsparameter beeinflusst werden. Aus diesem Grund können verschieden orientierte Typ X-Zwillingsgrenzen nebeneinander auftreten, die energetisch gleichwertig sind. Ein Beispiel verschieden orientierter Typ X-Zwillingsgrenzen ist in Abb. 4.12 skizziert. In der

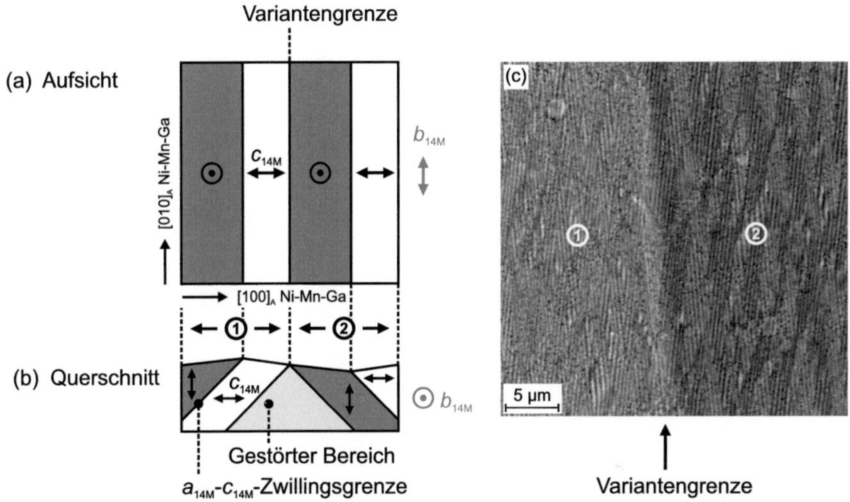

Abb. 4.12: Die Typ X-Zwillingsgrenzen verlaufen an der Oberfläche parallel (a), im Querschnitt (b) schneiden sie sich jedoch unter einem Winkel von ca. 90°. Innerhalb der Laminate ① und ② verlaufen die Zwillingsgrenzen im Querschnitt jeweils parallel (b). Die Laminate können auch in der REM-Aufnahme (c) anhand der verschiedenen Helligkeiten voneinander unterschieden werden.

dargestellten Konfiguration sind an der Schichtoberfläche parallel verlaufende Zwillingsgrenzen zu sehen. Im Querschnitt schneiden sich diese Zwillingsgrenzen jedoch unter einem Winkel von ca. 90° (Abb. 4.12 b). Auf beiden Seiten des Schnittpunktes verlaufen die Zwillingsgrenzen jeweils parallel, diese Laminate sind mit ① bzw. ② gekennzeichnet. Die Laminate ① und ② werden während der martensitischen Umwandlung aus verschiedenen Keimen mit unterschiedlichen Habitus-Ebenen gebildet [Bus09]. Dabei ist die Orientierung der b_{14M}-Achse in beiden Laminaten identisch. Lediglich die Ausrichtung der a_{14M}- bzw. c_{14M}-Achse kann in beiden Laminaten voneinander abweichen. Daraus folgt jedoch, dass die Varianten innerhalb der Laminate ① bzw. ② nicht kompatibel sind [Eic11]. Beim Zusammentreffen dieser Laminate bildet sich eine Grenzfläche aus, die als Variantengrenze bezeichnet werden kann [Kau11]. In REM-Aufnahmen der Schichtoberfläche können ① und ② aufgrund der verschiedenen Kontraste voneinander unterschieden werden (Abb. 4.12 c). Der diffuse Kontrast im Bereich der Variantengrenze deutet darauf hin, dass es sich hier um einen gestörten Bereich handelt. Der genaue Verlauf durch den Querschnitt ist jedoch nicht eindeutig geklärt. Dafür sind zusätzliche FIB-Querschnittsaufnahmen notwendig.

Wird bei einer solchen Konfiguration ein Magnetfeld entlang der $[100]_A$-Richtung angelegt, liegt der Schmid-Faktor bei seinem Maximalwert von $m_{[100]_A} = 0{,}5$. Die Zwillingsgrenzenspannung innerhalb der Laminate entspricht der Idealkonfiguration (Abb. 4.11), sodass in beiden Laminaten ① und ② ein Einvariantenzustand realisiert werden kann. Der Schnittbereich stellt jedoch eine Störung der Zwillingskonfiguration dar. Straka *et al.* [Str11a] zeigten, dass derartige Triple-Segmente die Zwillingsgrenzenspannung im Fall von 10M-Einkristallen erhöhen. Nach einem in Spannungs-Dehnungs-Kurven beobachteten Spannungsmaximum konnte jedoch ein Einvariantenzustand eingestellt werden. Liegt die zur vollständigen Reorientierung notwendige Spannung oberhalb der magnetisch aufbringbaren Spannung von ca. 2 MPa, verbleiben die Schnittbereiche in der Ni-Mn-Ga-Schicht. Da die Zwillingsgrenzen innerhalb der Laminate ① und ② hoch beweglich sind (Abb. 4.11), sollte die erreichbare Dehnung bei Auftreten einzelner Variantengrenzen in dünnen Schichten nur um einen Bruchteil reduziert werden.

Eine inkompatible Orientierung von Typ X-Zwillingsgrenzen zueinander ist in Abb. 4.13 schematisch dargestellt. Hier treffen Varianten aufeinander, deren mittellange b_{14M}-Achse entlang der $[010]_A$- und entlang der $[100]_A$-Achse orientiert sind. Daraus resultiert, dass auch die Orientierungen der kurzen c_{14M}- und der langen a_{14M}-Achse zwischen den beiden Laminaten verschieden sind. Die Orientierungen der Martensitvarianten in den einzelnen Laminaten sind zueinander inkompatibel. Aus diesem Grund entsteht eine elastisch inkom-

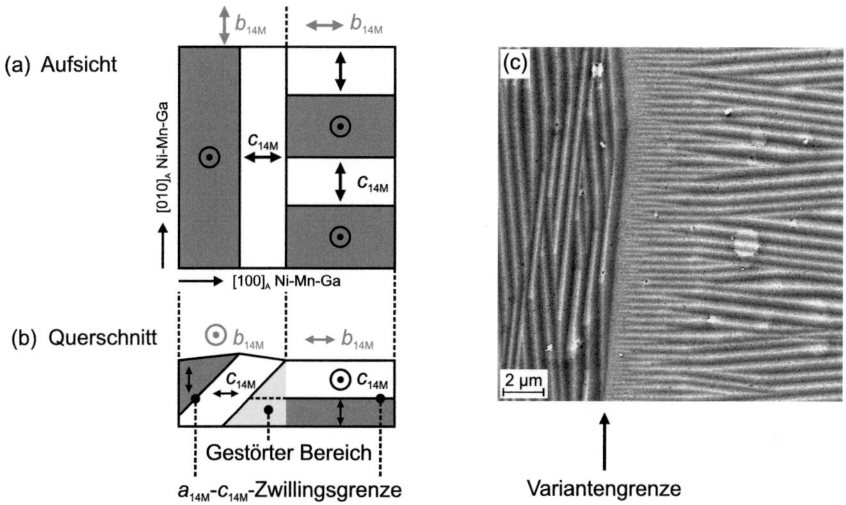

Abb. 4.13: Die Typ X-Zwillingsgrenzen schneiden sich an der Oberfläche (a) unter einem Winkel von ca. 90° und bilden eine inkompatible Variantengrenze aus, die schräg durch den Querschnitt (b) verläuft. Die inkompatiblen Orientierungen der martensitischen Varianten auf beiden Seiten der Variantengrenze führen zur Variantenverfeinerung an der Grenzfläche, die in der REM-Aufnahme (c) deutlich sichtbar ist.

patible Variantengrenze zwischen den Laminaten. Die REM-Aufnahme einer solchen Variantengrenze in Abb. 4.13 c zeigt die Verfeinerung von Martensitvarianten bei Annäherung an die Grenzfläche. Diese Verfeinerung dient der Verringerung von elastischer Energie an der Grenzfläche [Koh92]. Wird bei einer solchen Konfiguration ein Magnetfeld entlang der $[100]_A$-Richtung angelegt, weist eines der Laminate einen maximalen Schmid-Faktor von $m = 0{,}5$ auf, während der Schmid-Faktor im benachbarten Laminat $m = 0$ beträgt. Demnach werden die Zwillingsgrenzen in einem Laminat bewegt, was in Abb. 4.13 dem Laminat links der Variantengrenze entspricht. Im benachbarten Laminat übt das äußere Magnetfeld keine Kraft auf die Zwillingsgrenzen aus, die Zwillingsgrenzen werden hier nicht bewegt. Damit könnte sich eines der Laminate um maximal 10 % ausdehnen, während das benachbarte Laminat im Ausgangszustand verbleibt. Diese unterschiedlichen Ausdehnungen werden jedoch durch die Variantengrenze verhindert, da diese elastisch inkompatibel ist. Somit ist aufgrund der gegenseitigen Behinderung der makroskopischen Dehnung und des Pinnings von Zwillingsgrenzen an der Variantengrenze keine messbare remanente Dehnung zu erwarten.

Die Herstellung von Schichten, die ausschließlich Typ X-Zwillingsgrenzen zeigen, konnte experimentell realisiert werden. Diese Schichten zeigen mehrere 100 µm große Bereiche in denen die a_{14M}-c_{14M}-Zwillingsgrenzen parallel verlaufen. Diese Bereiche sind durch Variantengrenzen voneinander getrennt, die die Zwillingsgrenzenbewegung behindern. Da in realen Schichten mehrere dieser Variantengrenzen in realen Schichten auftreten, ist die erreichbare remanente Dehnung im Vergleich zur maximalen Dehnung stark reduziert.

4.5.2 Ausschließlich Typ Y-Zwillingsgrenzen

Typ Y-Zwillingsgrenzen verbinden Varianten, deren b_{14M}-Achse senkrecht zur Schichtebene liegt. Damit liegt die kurze und magnetisch leichte c_{14M}-Achse immer in der Schichtebene. Die a_{14M}-c_{14M}-Zwillingsgrenzen verlaufen demnach senkrecht durch den Schichtquerschnitt.

Die ideale Konfiguration von Typ Y-Zwillingsgrenzen ist in Abb. 4.14 schematisch dargestellt. Die Spuren der Zwillingsgrenzen sind an der Oberfläche um 45° bezüglich der Kanten der Austenitelementarzelle gedreht (Abb. 4.14 a). Die Schmid-Faktoren der Typ Y-Zwillingsgrenzen sind identisch für die Fälle, dass ein äußeres Magnetfeld in der Schichtebene entlang der Kanten der Austenit-Elementarzelle angelegt wird. Sie betragen $m_{[100]_A} = m_{[010]_A} = 0{,}5$. Die Zwillingsgrenzen sollten demnach unabhängig von der Richtung des äußeren Magnetfeldes bewegt werden können. Im Fall einer einzigen Orientierung von

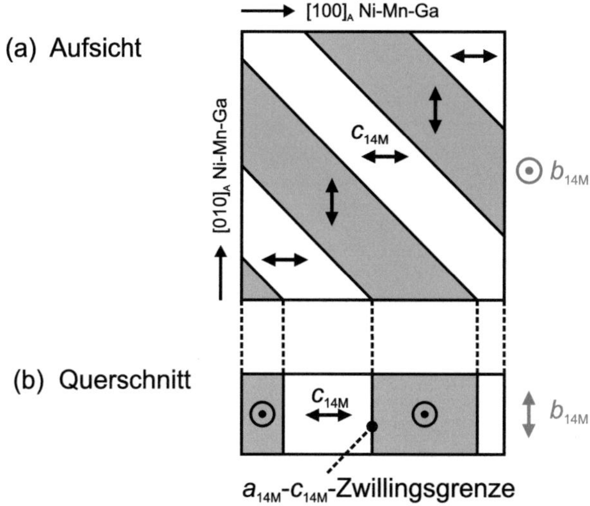

Abb. 4.14: Die ideale Konfiguration von Typ Y-Zwillingsgrenzen zeichnet sich durch an der Oberfläche (a) und im Querschnitt (b) parallel verlaufende Zwillingsgrenzen aus.

hoch beweglichen Typ Y-Zwillingsgrenzen kann demnach der magnetische Formgedächtniseffekt unabhängig von der Richtung des äußeren Magnetfeldes ausgenutzt werden. Im Gegensatz dazu muss bei einer einzigen Orientierung von Typ X-Zwillingsgrenzen auf die Richtung des Magnetfeldes geachtet werden, da sich eine hoch bewegliche und eine nicht bewegliche Konfiguration gegenüberstehen. Die in Abb. 4.14 skizzierte Typ Y-Zwillingsgrenzenkonfiguration stellt demnach den Idealfall für eine aktive freistehende Schicht dar.

Eine zweite mögliche Konfiguration von Typ Y-Zwillingsgrenzen ist in Abb. 4.15 dargestellt. Hier besteht die Schicht gänzlich aus Typ Y-Zwillingsgrenzen, die jedoch verschiedenen zueinander orientiert sind. Die Spuren von Typ Y-Zwillingsgrenzen auf der Schichtoberfläche können verschiedenen Laminaten zugeordnet werden. Die verschiedenen Laminate können beim Aufeinandertreffen verschiedene Variantengrenzen ausbilden. Diese verlaufen entlang der $[010]_A$- bzw. entlang der $[\bar{1}10]_A$-Richtung (Abb. 4.15). Die Variantengrenzen, die entlang der Kanten der Austenitelementarzellen verlaufen, stellen eine Störung des martensitischen Gefüges dar, die martensitischen Varianten auf beiden Seiten der Variantengrenze sind hinsichtlich ihrer Orientierung jedoch vergleichbar. Im Fall von Typ X führt eine derartige Variantengrenze zur Erhöhung der Zwillingsgrenzenspan-

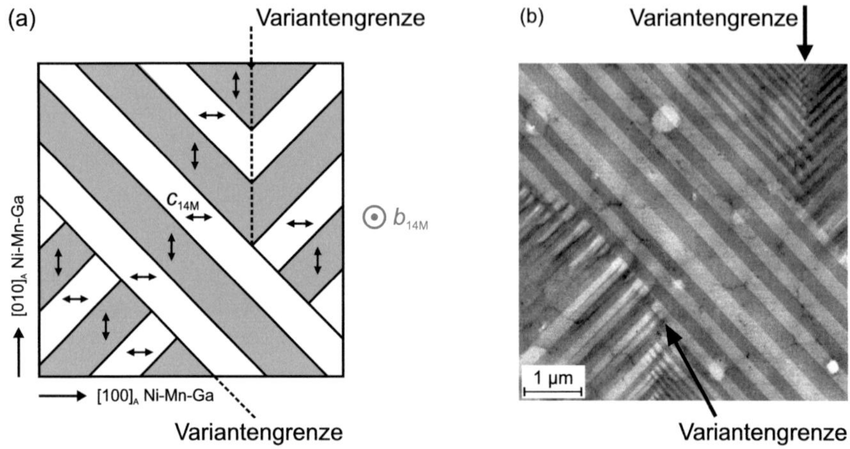

Abb. 4.15: Die Konfiguration zeigt sowohl in der schematischen Darstellung (a) als auch in der REM-Aufnahme (b) der Schichtoberfläche nebeneinander vorliegende Laminate von Typ Y-Zwillingsgrenzen. Diese Laminate schneiden sich jeweils unter einem Winkel von ca. 90° und bilden damit verschieden orientierte Variantengrenzen aus.

nung [Str11a]. Verläuft die Variantengrenze entlang der Diagonalen der Austenitelementarzelle (Abb. 4.15), so bildet sich eine inkompatible Variantengrenze aus. An dieser Variantengrenze kommt es ebenfalls zur Variantenverfeinerung, um elastische Grenzflächenenergien abzubauen. Die Verfeinerung von Varianten in der Nähe der Variantengrenze kann auch in der REM-Aufnahme beobachtet werden (Abb. 4.15 b). Beide Arten von Variantengrenzen zwischen verschieden orientierten Typ Y-Zwillingsgrenzen können die Zwillingsgrenzenbewegung behindern bzw. blockieren. Diese gestörten Bereiche stellen einerseits inkompatible Grenzflächen und andererseits Pinningzentren für die Zwillingsgrenzenbewegung dar und können nur durch höhere Spannungen ineinander überführt werden. Da die dafür notwendige Spannung jedoch möglicherweise die kritische Spannung von ca. 2 MPa überschreitet, kann in einer Schicht mit einer Vielzahl derartiger Defekte keine messbare magnetfeldinduzierte remanente Dehnung erwartet werden.

Die Annahme, dass eine Schicht ausschließlich aus Typ Y-Zwillingsgrenzen aufgebaut werden kann, konnte durch die experimentellen Beobachtungen nicht bestätigt werden. REM-Untersuchungen der Schichtoberfläche zeigen Laminate parallel verlaufender Typ Y-Zwillingsgrenzen, die eine Länge im Millimeterbereich erreichen können, jedoch maximal 5 - 10 µm breit sind. Die beiden möglichen Orientierungen von Typ Y-Zwillingsgrenzen

führen zur Bildung eines Schachbrettmusters an der Schichtoberfläche (siehe Abb. 4.2 auf Seite 27). In den Zwischenräumen sind jedoch meist noch Typ X-Zwillingsgrenzen zu erkennen.
Es scheint demnach nicht möglich, eine Schicht mit definierter lateraler Ausdehnung nur aus zwei verschieden orientierten Varianten aufzubauen. Im Fall von Typ Y liegen lediglich die lange $a_{14\mathrm{M}}$- und die kurze $c_{14\mathrm{M}}$-Achse in der Schichtebene, die mittellange $b_{14\mathrm{M}}$-Achse ist stets senkrecht zur Schichtebene orientiert. Scheinbar kann die aufgebaute elastische Energie bei einer solchen Konfiguration nur durch Bildung eines Bereiches von Typ X-Zwillingsgrenzen abgebaut werden, da hier alle drei Martensitachsen in der Schichtebene angeordnet werden können.

4.5.3 Komposit bestehend aus Typ X- und Typ Y-Zwillingsgrenzen

Die Mehrheit der im Rahmen dieser Arbeit hergestellten Schichten zeigt ein Komposit bestehend aus beiden Zwillingsgrenzentypen. Der Anteil von Typ X bzw. Typ Y-Zwillingsgrenzen kann dabei stark variieren. In Abb. 4.16 sind beispielhaft REM-Aufnahmen von drei verschiedenen Schichten gezeigt, deren Schichtdicke bei 1,5 bis 2 µm liegt. In Abb. 4.16 a sind nur vereinzelt lange Bereiche mit Typ Y-Zwillingsgrenzen zu beobachten. Die in Abb. 4.16 b gezeigte Schicht besteht aus nahezu gleichen Teilen von Typ X und Typ Y-Zwillingsgrenzen. Im Teilbild c ist eine Schicht dargestellt, die hauptsächlich Typ Y-Zwillingsgrenzen aufweist. Es muss davon ausgegangen werden, dass sich im Schnittbereich von Typ X und Typ Y-Zwillingsgrenzen eine inkompatible Grenzfläche ausbildet, da sich sowohl die Orientierungen der Martensitvarianten als auch der Verlauf der Zwillingsgrenzen an der Schichtoberfläche und im Querschnitt stark unterscheiden. Diese Variantengrenzen sind in Abb. 4.16 a und b durch gestrichelte weiße Linien gekennzeichnet. Es ist deutlich erkennbar, dass die Zahl der Variantengrenzen mit Anteil an Typ Y-Zwillingsgrenzen ebenfalls ansteigt. Aufgrund der Vielzahl an Variantengrenzen in Abb. 4.16 c wurden diese nicht einzeln markiert.
Die nachfolgenden Betrachtungen der Zwillingsgrenzenbewegung in den in Abb. 4.16 vorgestellten Konfigurationen gehen davon aus, dass ein äußeres Magnetfeld entlang der $[100]_{\mathrm{A}}$-Richtung angelegt wird. Betrachtet man jeden Bereich mit parallel verlaufenden Zwillingsgrenzen unabhängig voneinander, so zeigen alle Orientierungen von Typ Y-Zwillingsgrenzen einen Schmid-Faktor $m = 0{,}5$ und damit eine optimale Zwillingsgrenzenspannung σ_{ZG}. Innerhalb der langen Typ Y Bereiche kann demnach theoretisch ein Einvariantenzustand hergestellt werden. Im Fall von Typ X-Zwillingsgrenzen, deren Spuren senkrecht zum

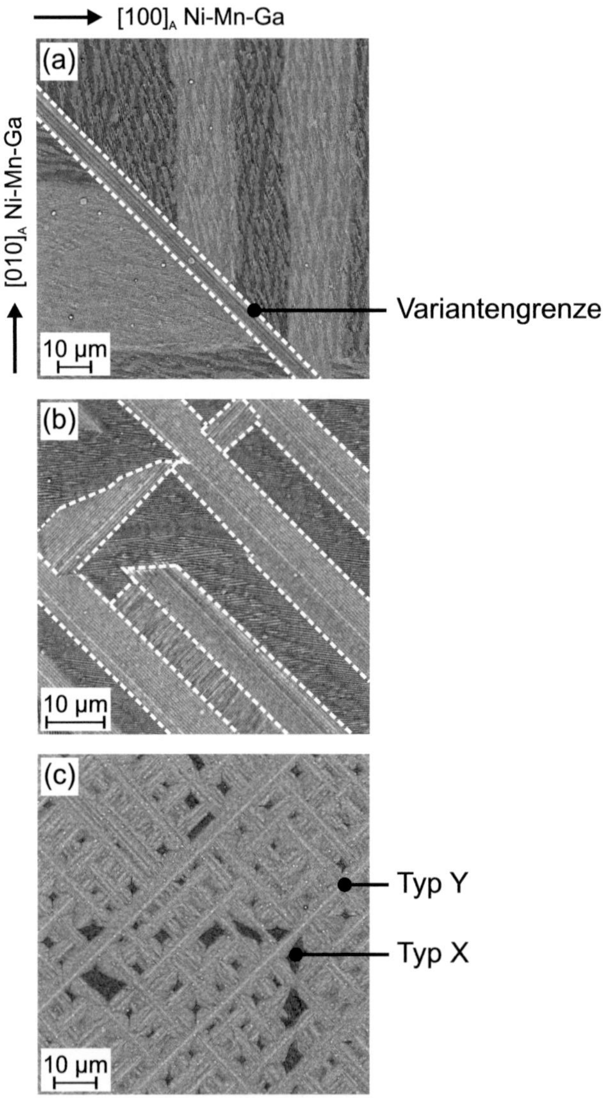

Abb. 4.16: Die REM-Aufnahmen zeigen drei verschiedene Schichten mit einem geringen (a), einem mittleren (b) und einem hohen (c) Anteil an Typ Y-Zwillingsgrenzen. Die Schichtdicken betragen 2 µm (a,b) und 1,5 µm (c).

äußeren Magnetfeld ausgerichtet sind, beträgt m ebenfalls 0,5, eine Umorientierung von Varianten kann demnach realisiert werden. Für Zwillingsgrenzen, die parallel zur Feldrichtung ausgerichtet sind, beträgt $m = 0$. Diese Gleitsysteme werden nicht aktiviert bzw. die zur Bewegung der Zwillingsgrenzen notwendige Spannung ist unendlich hoch. Die Zwillingsgrenzenbeweglichkeit hängt jedoch nicht allein von den Schmid-Faktoren der einzeln betrachteten Bereiche ab. Vielmehr spielt das Zusammenspiel zwischen den einzelnen Laminaten eine große Rolle. Die Laminate, in denen der Schmid-Faktor $m = 0$ beträgt, zeigen keine makroskopische Dehnung bei Anlegen eines äußeren Magnetfeldes. Damit stellen diese Laminate makroskopische Pinningzentren dar, die die Zwillingsgrenzenbewegung in den anderen Laminaten effizient behindern bzw. blockieren können. Je dichter die Variantengrenzen aneinander liegen und je geringer demnach die Größe eines einzeln betrachteten Laminates ist, desto stärker werden die Zwillingsgrenzen gepinnt. Bei der Umorientierung der einzelnen Bereiche von Typ X und Typ Y-Zwillingsgrenzen kann es zusätzlich zum Aufbau innerer Spannungen kommen. Das magnetische Feld richtet in beiden Fällen die kurze und magnetisch leichte c_{14M}-Achse in der Schichtebene entlang der äußeren Feldrichtung aus. Jedoch bewegen sich die Zwillingsgrenzen in verschiedene Richtungen: Im Fall von Typ X bewegt sich die Zwillingsgrenze entlang der äußeren Feldrichtung, im Fall von Typ Y ist die Bewegungsrichtung um 45° zur äußeren Feldrichtung gedreht. Dabei wird die lange a_{14M}-Achse im Fall von Typ X senkrecht zur Schichtebene ausgerichtet, bei Typ Y liegt a_{14M} in der Schichtebene. Zusammengefasst bedeutet dies, dass sich die Laminate von Typ Y-Zwillingsgrenzen in der Schichtebene senkrecht zur äußeren Feldrichtung stärker ausdehnen als Laminate von Typ X-Zwillingsgrenzen. Die dabei entstehenden Druckspannungen wirken gleichermaßen zwischen verschieden orientierten Typ Y-Laminaten und zwischen zwei Laminaten unterschiedlicher Zwillingsgrenzentypen. Diese Spannungen können eine zusätzliche Behinderung der Zwillingsgrenzenbewegung darstellen.

4.5.4 Fazit

Die vorangegangenen Betrachtungen zur magnetfeldinduzierten Bewegung von Zwillingsgrenzen in einer freistehenden Schicht haben gezeigt, dass eine Zwillingsgrenzenkonfiguration angestrebt werden sollte, die idealerweise eine einzige Orientierung eines Zwillingsgrenzentyps aufweist. Theoretisch wäre dabei Typ Y bevorzugt, da man hier den Formgedächtniseffekt unabhängig von der äußeren Feldrichtung ausnutzen könnte. In realen Schichten wurde Typ Y jedoch nie ohne Anwesenheit von Typ X-Zwillingsgrenzen beobachtet. Die zwischen den verschiedenen Zwillingsgrenzentypen gebildeten inkompatiblen Variantengrenzen dienen als Pinningzentren für die Zwillingsgrenzenbewegung. Mit steigendem Anteil an Typ Y-Zwillingsgrenzen steigt auch die Dichte der inkompatiblen Variantengrenzen und damit die Pinningwahrscheinlichkeit von Zwillingsgrenzen deutlich an. Im Gegensatz dazu konnten Schichten hergestellt werden, die ausschließlich Typ X-Zwillingsgrenzen aufweisen. Dabei konnten jedoch auch mehrere 100 µm große Bereiche beobachtet werden, in denen die Zwillingsgrenzen parallel angeordnet waren. Zwischen diesen Bereichen bilden sich jedoch auch inkompatible Variantengrenzen aus.

Eine Möglichkeit, die Ausrichtung der martensitischen Varianten und damit der Zwillingsgrenzen bereits während der martensitischen Umwandlung zu kontrollieren, ist die äußere Beeinflussung mittels mechanischer Spannung bzw. einem äußeren Magnetfeld. Sowohl bei einkristallinen [Str11a] als auch bei polykristallinen [Hür09] Massivmaterialien konnte die Orientierung von Martensitvarianten während der Herstellung definiert werden. Die kurze c_{14M}-Achse wurde während der martensitischen Umwandlung durch eine von außen angelegte Druckspannung ausgerichtet. Diese Methode kann jedoch im Fall von dünnen Schichten nicht angewendet werden, da Schichten auf Substraten weder auf Druck noch auf Zug belastet werden können. Vielmehr besteht die Möglichkeit, die kurze und magnetisch leichte c_{14M}-Achse durch ein äußeres Magnetfeld auszurichten. Wird dieses Magnetfeld während der Abkühlung der Schicht angelegt, könnte es zur Bildung einer definierten Zwillingsgrenzenkonfiguration führen. Dabei muss jedoch beachtet werden, dass c_{14M} sowohl bei Typ X als auch bei Typ Y in der Schichtebene liegt und damit beide Zwillingsgrenzenkonfigurationen gleichermaßen bevorzugt werden. Um Typ X-Zwillingsgrenzen in Ni-Mn-Ga-Schichten zu bevorzugen, muss das Magnetfeld senkrecht zur Schichtebene wirken. Die Bildung von Variantengrenzen zwischen verschieden orientierten Typ X-Bereichen kann dadurch wahrscheinlich nicht vermieden werden, da die Schicht auf dem Substrat eine definierte Ausdehnung hat und somit alle martensitischen Achsen in der Schichtebene abgewechselt werden müssen. Die eindeutige Definition der Orientierung der martensitischen Varianten durch ein von außen angelegtes Magnetfeld erfordert demnach das Ablösen der Schichten vom Substrat. Diese als Training bezeichnete Behandlung von freistehenden Schichten wird in Kap. 7.2 näher behandelt.

5 Bestimmung der Zwillingsgrenzenenergie des modulierten 14M-Martensits

Die 14-fach modulierte Martensitphase 14M besteht aus Bausteinen des tetragonalen, nicht-modulierten NM-Martensits. Die NM-Bausteine sind periodisch, in einer $(5\overline{2})_2$-Stapelung angeordnet und durch Nano-Zwillingsgrenzen miteinander verbunden [Kau10]. Die adaptive 14M-Phase beinhaltet demnach eine Vielzahl von NM-Zwillingsgrenzen mit einer geringen Grenzflächenenergie von $\gamma_I = 0{,}2\,\text{meV/nm}^2$ [Kau10]. Die Zwillingsgrenzen dieser ersten Generation sind jedoch nur schwer beweglich und tragen nicht zum magnetischen Formgedächtniseffekt bei [Soz01]. Vielmehr stehen die mesoskopischen $a_{14\text{M}}$-$c_{14\text{M}}$-Zwillingsgrenzen zwischen verschieden orientierten 14M-Varianten im Mittelpunkt, da diese mithilfe eines äußeren Magnetfeldes bewegt werden können [Soz02]. Die mesoskopische Zwillingsgrenze ist im Gegensatz zur NM-Nanozwillingsgrenze nicht atomar scharf [Kau11] und beinhaltet eine große Anzahl von Zwillings-*Disconnections* [Mül08]. Daraus lässt sich schließen, dass die Energie der mesoskopischen Zwillingsgrenze die der scharfen NM-Zwillingsgrenze übersteigt. Eine quantitative Abschätzung wurde bisher jedoch nicht durchgeführt.

Für den Einbau von Zwillingsgrenzen ist die Energieminimierung an der Grenzfläche zwischen Austenit und Martensit ausschlaggebend. Auch die Zwillingsgrenzenperiodizität Λ, die durch die Breite zweier benachbarter Varianten definiert ist, wird durch die Energieminimierung bestimmt. Bei der martensitischen Umwandlung kommt es an der Grenzfläche zwischen Austenit und Martensit zu elastischen Spannungen, da die Bildung eines makroskopischen martensitischen Varianten die Verzerrung des umliegenden Materials erfordern würde. In der linearen Elastizitätstheorie ist die elastische Volumenenergie abhängig vom Elastizitätsmodul E der umgebenden Phase und skaliert außerdem mit der Größe des Martensitvarianten. Der Einbau von Zwillingsgrenzen trägt zur Verringerung der elastischen Energie bei, dies geschieht auf Kosten der aufzuwendenden Zwillingsgrenzenenergie γ. Die Minimierung der Gesamtenergie an der Grenzfläche kann analog zur Landau-Lifshitz-Kittel-Skalierungsregel (LLK) beschrieben werden, die ursprünglich für magnetische Domänen entwickelt wurde [Lan35, Kit46]:

$$\Lambda = \left(\frac{\gamma}{E \cdot \varepsilon_{\mathrm{I}}^2} \cdot D \right)^{\frac{1}{2}} \tag{5.1}$$

Dabei bezeichnen D die Dicke der Martensitlamelle und ε die Fehlpassung zwischen Austenit und Martensit. Die Bildung der adaptiven Phase an der Grenzfläche ist demnach durch die geringe Zwillingsgrenzenenergie der Nano-Zwillingsgrenzen möglich und führt zum Abbau der elastischen Spannungen.

Die Bildung von verschieden orientierten 14M-Varianten und der mesoskopischen Zwillingsgrenzen ist jedoch nicht allein mit der linearen Elastizitätstheorie erklärbar. Zusätzlich muss berücksichtigt werden, dass die Bildung der niedrigsymmetrischen adaptiven Einheitszelle eine Scherung des umgebenden Materials zur Folge hat [Roy93]. Die Bildung verschieden orientierter 14M-Varianten kann die elastische Scherenergie verringern, jedoch muss auch hier der Aufwand von Zwillingsgrenzenenergie γ_{II} betrachtet werden. Die Energiebilanz zwischen Gewinn an Scherenergie und Aufwand an Zwillingsgrenzenenergie bestimmt auch die Periodizität Λ_{II} der zweiten Generation von Zwillingsgrenzen.
Die Untersuchung der Zwillingsgrenzenperiodizität in Abhängigkeit von der Dicke der Martensitlamellen kann demnach zur Abschätzung der Zwillingsgrenzenenergie verwendet werden. Im Fall von dünnen epitaktischen Schichten entspricht die Dicke der Martensitlamelle der Schichtdicke, da TEM-Untersuchungen gezeigt haben, dass die Varianten durch den gesamten Schichtquerschnitt verlaufen. Die in dieser Arbeit untersuchten Schichten zeigen ausschließlich $a_{14\mathrm{M}}$-$c_{14\mathrm{M}}$-Zwillingsgrenzen der 14M-Martensitphase, die lediglich in verschiedenen Orientierungen auftreten. Die Typ X-Zwillingsgrenzen zeigen dabei eine konstante Zwillingsperiodizität über weite Bereiche (siehe Abb. 4.1). Außerdem kann das Höhenprofil mittels AFM ermittelt und daraus direkt die Zwillingsgrenzenperiodizität entnommen werden. Im Gegensatz dazu sind die Bereiche von Typ Y-Zwillingsgrenzen zwar mehrere 100 µm lang, jedoch nur wenige Mikrometer breit und die Variantenbreite nimmt von innen nach außen kontinuierlich ab.

Aus diesem Grund wurde die Zwillingsgrenzenperiodizität Λ_{II} von Typ X-Zwillingsgrenzen untersucht [Die11]. Dafür wurden Ni-Mn-Ga-Schichten mit Schichtdicken von 30 nm bis 2 µm hergestellt. Die Valenzelektronenkonzentration der Schichten liegt bei $e/a = 7{,}1 \pm 0{,}1$,

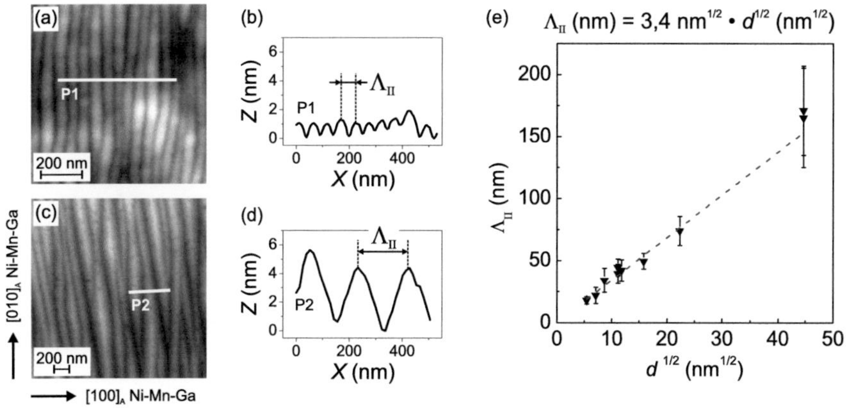

Abb. 5.1: AFM-Aufnahmen einer 125 nm (a) und einer 2 µm (c) dicken Schicht zeigen Typ X-Zwillingsgrenzen entlang der [100]-Kanten von Austenit. Aus den zugehörigen Höhenprofilen in (b) bzw. (d) kann die Zwillingsgrenzenperiodizität Λ_{II} entnommen werden. (e) Die Zwillingsgrenzenperiodizität Λ_{II} skaliert mit der Wurzel der Schichtdicke d und zeigt folgende Abhängigkeit: $\Lambda_{II} = 3{,}4\,\mathrm{nm}^{1/2} \cdot d^{1/2}\,(\mathrm{nm}^{1/2})$ [Die11].

damit kann der Einfluss der Zusammensetzung auf die Zwillingsgrenzenperiodizität vernachlässigt werden. Die AFM-Untersuchungen sowie die Auswertung von Λ_{II} erfolgte durch Anett Diestel im Rahmen ihres Großen Beleges. Abb. 5.1 a und c zeigen beispielhaft AFM-Aufnahmen einer 125 nm bzw. 2 µm dicken Schicht mit Typ X-Zwillingsgrenzen. Aus den zugehörigen Höhenprofilen in Abb. 5.1 b bzw. d kann die Zwillingsgrenzenperiodizität entnommen werden. Es ist eindeutig zu erkennen, dass Λ_{II} stark mit der Schichtdicke ansteigt. Die qualitative Analyse der Zwillingsgrenzenperiodizität ergibt, dass Λ_{II} gemäß der LLK-Skalierungsregel mit der Wurzel der Schichtdicke ansteigt (Abb. 5.1 e). Die angegebenen Standardabweichungen resultieren aus Mittelungen von Λ_{II} über jeweils ca. 40 Zwillingsgrenzen. Die Anwendbarkeit der LLK-Skalierungsregel wurde mithilfe einer nichtlinearen Annäherung der Daten in Form von $\Lambda_{II} = a \cdot d^{\nu}$ überprüft. Dabei ergab sich ein Exponent von $\nu = 0{,}53\,(\pm\,0{,}02)$ und ein Vorfaktor $a = 2{,}9\,(\pm\,0{,}4)\,\mathrm{nm}^{1-\nu}$. Für die weitere Auswertung wurde der Exponent $\nu = 0{,}5$ festgelegt. Damit ergibt sich eine Abhängigkeit der Zwillingsgrenzenperiodizität von der Schichtdicke: $\Lambda_{II} = 3{,}4\,\mathrm{nm}^{1/2} \times d^{1/2}\,(\mathrm{nm}^{1/2})$ [Die11]. Mithilfe dieser Abhängigkeit kann die Zwillingsgrenzenenergie von Typ X-Zwillingsgrenzen nach der angepassten LLK-Skalierungsregel abgeschätzt werden:

$$\Lambda_{II} = \left(\frac{\gamma}{G \cdot \varepsilon_{II}^2} \cdot d \right)^{\frac{1}{2}}. \tag{5.2}$$

Dabei wurde beachtet, dass der Einbau von 14M-Zwillingsgrenzen zum Abbau von Scherspannungen führt. Der Elastizitätsmodul E in Gleichung 5.1 muss demnach durch den Schubmodul G ersetzt werden. Der Wert für den Schubmodul wurde ab-initio Rechnungen für die 10M Phase entnommen und liegt bei $G = 100\,\text{GPa}$ [Kar10]. Die Fehlpassung zwischen Austenit und Martensit wurde mit $\varepsilon_{II} = 0{,}097$ berechnet. Zur Berechnung der Fehlpassung wurden röntgendiffraktometrisch bestimmte Gitterkonstanten verwendet, wobei die 14M-Elementarzelle durch eine orthorhombische Einheitszelle angenähert wird [Kau10]. Die mit dieser Methode abgeschätzte Zwillingsgrenzenspannung zwischen 14M-Varianten liegt bei $\gamma_{II} = 70\,\text{eV/nm}^2$ [Die11] und übersteigt die Zwillingsgrenzenspannung der NM-Nanozwillingsgrenzen um mehr als zwei Größenordnungen.
Um zu überprüfen, ob es sich bei der ermittelten Zwillingsgrenzenspannung um eine sinnvolle Abschätzung handelt, wurde die zur Bildung einer Zwillingsgrenze notwendige Spannung aus Druckversuchen an 10M-Einkristallen analysiert [Aal10a]. Die ermittelten Spannungs-Dehnungs-Kurven an 10M-Einkristallen zeigen eine Spannungsüberhöhung vor dem eigentlichen Spannungsplateau, das die Zwillingsgrenzenbewegung wiederspiegelt [Aal10a]. Diese Spannungserhöhung ist zur Bildung einer Zwillingsgrenze im Material nötig. Die dafür notwendige Energie kann aus der Fläche unter der Kurve ermittelt werden. Energieverluste während der Bildung der Zwillingsgrenze wurden bei der Abschätzung vernachlässigt, es ergibt sich ein Wert von ca. $100\,\text{eV/nm}^2$, der als obere Grenze angesehen werden kann. Dieser Wert ist in Übereinstimmung mit der Zwillingsgrenzenenergie, die durch Analyse der Zwillingsgrenzenperiodizität bestimmt wurde.
Die Grenzflächenenergie der a_{14M}-c_{14M}-Zwillingsgrenzen wurde für die Typ X-Zwillingsgrenzen ermittelt. Im vorherigen Kapitel konnte gezeigt werden, dass sich Typ X und Typ Y-Zwillingsgrenzen hinsichtlich ihrer Struktur nicht unterscheiden. Es handelt sich in beiden Fällen um a_{14M}-c_{14M}-Zwillingsgrenzen, die lediglich verschiedene Orientierungen aufweisen. Es kann demzufolge davon ausgegangen werden, dass die Zwillingsgrenzenenergie von Typ Y-Zwillingsgrenzen im gleichen Größenbereich liegt.

6 Herstellung und Charakterisierung von freistehenden Schichten

In Kap. 4 konnte gezeigt werden, dass die hergestellten epitaktischen Ni-Mn-Ga-Schichten die modulierte 14M-Phase aufweisen. Die Zwillingsgrenzen zwischen verschiedenen 14M-Martensitvarianten können mit einem moderaten äußeren Magnetfeld bewegt werden, was als eine Voraussetzung für die technische Nutzung des MSM-Effektes gilt. Eine nutzbare makroskopische Längenänderung wird aber von dem starren MgO-Substrat verhindert. Der E-Modul von MgO liegt im Bereich von einigen GPa und übersteigt damit bei Weitem die Blockierspannung von Zwillingsgrenzen in Ni-Mn-Ga, die im Bereich von wenigen MPa liegt [Mur00]. Um Dehnungen von bis zu 10 % erreichen zu können, muss die Schicht demnach vom Substrat gelöst werden. Dafür stehen verschiedene Methoden zur Verfügung, die im Folgenden erläutert werden. Die Opferschichtmethode mit einer Cr-Opferschicht wird ausführlich vorgestellt. Abschließend wird der Einfluss des Ätzvorganges auf ausgewählte Schichten erläutert.

6.1 Methoden zum Ablösen von Schichten

Abziehen

Die einfachste Möglichkeit, eine Schicht vom Substrat zu lösen, ist das mechanische Abziehen der Schicht mithilfe einer Pinzette [Khe08]. Dieses Verfahren kann jedoch nur für kleine Probengrößen mit hoher Schichtdicke realisiert werden, die außerdem eine relativ schlechte Haftung zum Substrat aufweisen. Der größte Nachteil dieser Methode ist das Einbringen von hohen mechanischen Spannungen während des Ablösens. Die Spannungen sind inhomogen, können nicht kontrolliert werden und zur Zerstörung der Schicht führen. Das mechanische Abziehen ist demnach aufgrund seiner geringen Reproduzierbarkeit nicht für eine technologische Nutzung geeignet.

Die Opfersubstrat-Methode

Die Abscheidung von Ni-Mn-Ga-Schichten auf nachträglich auflösbaren Substraten (Opfersubstrat) stellt eine zweite Möglichkeit zur Herstellung von freistehenden Schichten dar. Edler *et al.* [Edl10] konnten Fe-Pd-Schichten nach der Herstellung von MgO-Substraten lösen, indem das MgO-Substrat durch nasschemisches Ätzen entfernt wurde. Die Ätzrate von MgO liegt jedoch im Bereich von 3,5 µm/h, sodass der Ätzvorgang ca. 2 Tage in Anspruch nimmt [Edl10], was für die technische Anwendung von großem Nachteil ist. Die Auswirkungen des Ätzmittels auf das hier verwendete Material Ni-Mn-Ga ist zudem nicht bekannt. Aus diesen Gründen ist MgO als Opfersubstrat ungeeignet.
Die Verwendung von einkristallinen NaCl-Substraten bietet die Möglichkeit, das Substrat nach der Schichtabscheidung in Wasser zu lösen. Dabei wird die Ni-Mn-Ga-Schicht während des Auflösungsprozesses nicht angegriffen. Verschiedene Gruppen konnten die Herstellung von epitaktischen Ni-Mn-Ga-Schichten auf (001)-orientierten NaCl-Substraten mittels Magnetronsputtern demonstrieren [Tho09, Eic10]. Dabei wurden verschiedene Orientierungsbeziehungen zwischen Schicht und Substrat beobachtet. Thomas *et al.* [Tho09] beobachteten ein Würfel-auf-Würfel-Wachstum: NaCl(001)[100] || Ni-Mn-Ga(001)[100]. Im Gegensatz dazu zeigten die Untersuchungen von Eichhorn *et al.* [Eic10] die Orientierungsbeziehung NaCl(001)[100] || Ni-Mn-Ga(011)[100]. Ein möglicher Grund für die verschiedenen Orientierungsbeziehungen könnte die hohe Fehlpassung zwischen NaCl und austenitischem Ni-Mn-Ga sein, die bei -3,1 % liegt ($a_{\mathrm{NaCl}} = 0{,}564\,\mathrm{nm}$ [Int11c]). Außerdem ist NaCl hygroskopisch, was bedeutet, dass noch im Substrat befindliches Wasser durch Ausheizen vor der Schichtherstellung verdampft werden muss. Schon geringe Wasserrückstände führen zu einer hohen Schichtrauigkeit bzw. kompletten Schichtablösung während der Herstellung. Aufgrund dieser Punkte ist die Opfersubstrat-Methode schwer reproduzierbar und daher nicht für technische Anwendungen geeignet.

Die Opferschicht-Methode

Die dritte Methode zur Herstellung von freistehenden Schichten ist die Verwendung einer Opferschicht zwischen Ni-Mn-Ga und MgO-Substrat. Die Opferschicht wird vor dem Abscheiden von Ni-Mn-Ga auf dem Substrat aufgebracht und nach der Herstellung durch nasschemisches Ätzen entfernt. Die Opferschicht muss dabei mehrere Anforderungen erfüllen. Sie muss das epitaktische Wachstum von Ni-Mn-Ga ermöglichen und damit auch eine eindeutige Orientierungsbeziehung zum MgO-Substrat aufweisen. Dafür sollte die Fehlpassung zwischen Substrat und Opferschicht sowie zwischen Opferschicht und Ni-Mn-Ga möglichst gering sein. Die zweite Anforderung ist die Möglichkeit des selektiven Ätzens der Opferschicht. Dafür sind scharfe Grenzflächen zwischen Opferschicht und Ni-Mn-Ga notwendig. Dies bedeutet, dass während der Schichtherstellung bei erhöhten Temperaturen keine Diffusion des Opfermaterials in die Ni-Mn-Ga-Schicht bzw. in entgegengesetzter Richtung erfolgen darf. Mit einem geeigneten Opfermaterial könnten so reproduzierbar Schichten vom Substrat gelöst werden. Im nachfolgenden Abschnitt wird die Eignung von Chrom als Opferschicht-Material vorgestellt.

6.2 Verwendung von Chrom als Opferschicht

Wie im vorangegangenen Abschnitt beschrieben, muss eine Opferschicht mehrere Bedingungen erfüllen. Die erste Auswahl des Opfermaterials erfolgt nach Ermittlung der Fehlpassung zwischen dem MgO-Substrat und dem Opfermaterial auf der einen Seite und dem Opfermaterial und austenitischem Ni-Mn-Ga auf der anderen Seite. Der Zellparameter von Chrom beträgt $a_{\mathrm{Cr}} = 0{,}28839\,\mathrm{nm}$ [Int11d]. Damit ergibt sich eine Fehlpassung zu MgO von 3,3 % im Fall von um 45° zueinander verdrehten Elementarzellen. Die Fehlpassung für Würfel-auf-Würfel-Wachstum zu austenitischem Ni-Mn-Ga beträgt 0,9 %. Damit ist epitaktisches Wachstum von Cr auf MgO und von Ni-Mn-Ga auf Cr möglich. Die Orientierungsbeziehungen von gesputterten MgO/Cr/Ni-Mn-Ga-Lagen wurden mithilfe von Polfigurmessungen überprüft [Bac10]. Abbildung 6.1 zeigt die 002- (a) bzw. 011-(b) Polfiguren von Cr. Der hochintensive mittlere Reflex in der 002-Polfigur (Abb. 6.1 a) zeigt, dass die (002)-Ebenen von Cr und die (001)-Ebenen von MgO parallel liegen. Die Orientierung der Elementarzellen zueinander innerhalb der (001) Ebene kann durch die 011-Polfigur von Cr bestimmt werden (Abb. 6.1 b). Hier sind vier deutliche Reflexe bei einem Kippwinkel von $\psi = 45°$ zu sehen, die zeigen, dass die Cr-Elementarzelle um 45° verdreht zu MgO aufwächst. Es gilt die Orientierungsbeziehung MgO(001)[100] || Cr(001)[110]. In Abb. 6.1 b sind neben dem 011-Reflex von Cr zusätzliche, weniger intensive Reflexe bei $\psi = 38°$ und 53° erkennbar. Diese stammen von 202-Reflexen der 14M-Martensitphase von Ni-Mn-Ga. Aufgrund der geringen Fehlpassung zwischen Cr und Ni-Mn-Ga können beide Phasen innerhalb einer Polfigur beobachtet werden. Da auch für den Fall von Ni-Mn-Ga Reflexe bei vier eindeutigen Drehwinkeln beobachtet werden, kann epitaktisches Wachstum von Ni-Mn-Ga auf Cr geschlossen werden: Cr(001)[100] || Ni-Mn-Ga(001)[100]. Die Ni-Mn-Ga-Reflexe weichen hierbei von dem Kippwinkel $\psi = 45°$ ab, da die Martensitvarianten an

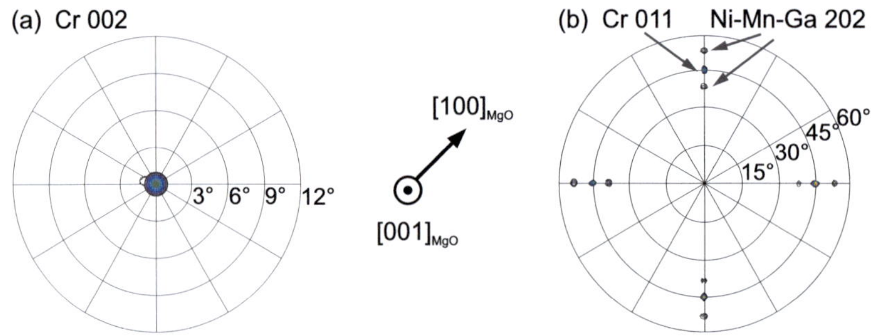

Abb. 6.1: Die 002 (a) und 011 (b) Polfiguren von Chrom bestätigen das epitaktische Wachstum von Cr auf MgO. Die zusätzlich sichtbaren Relexe in der 110 Polfigur von Cr (b) stammen von 202 Reflexen der 14M-Martensitphase von Ni-Mn-Ga [Bac10].

der invarianten Habitus-Ebene und damit auch gegenüber der Substratnormalen verkippt sind. Die Chrom-Opferschicht erfüllt demnach die Anforderung, die Struktur des MgO-Substrates auf die Ni-Mn-Ga-Schicht zu übertragen [Bac10].

Die Schärfe der Grenzfläche zwischen Cr und Ni-Mn-Ga wurde mittels Auger-Elektronen-Spektroskopie (AES) untersucht [Bac10]. Dafür wurden Testschichten mit der Architektur MgO / 100 nm Cr / 200 nm $Ni_{55}Mn_{22,5}Ga_{22,5}$ sowohl bei Raumtemperatur als auch bei 623 K hergestellt. Die AES-Tiefenprofile der Testschichten sind in Abb. 6.2 dargestellt. Anfänglich wurde eine dünne Oxidschicht von der Probe entfernt, danach konnte aber kein weiterer Sauerstoff in der Schicht detektiert werden. Die Konzentrationen von Ni, Mn und Ga bleiben über die gesamte Schichtdicke gleich, weichen aber leicht von der durch EDX ermittelten Zusammensetzung ab. Dies kann auf das bevorzugte Abtragen von Mn und Ga aufgrund der hohen Dampfdrücke im Vergleich zu Ni [Smi76] zurückgeführt werden. An der Grenzfläche zu Cr wird ein plötzlicher Abfall von Ni, Mn und Ga beobachtet, während der Cr-Gehalt stark ansteigt. Die Breite des Übergangs ist für beide Schichten gleich groß. Auch der Übergang zwischen Cr und MgO ist vergleichbar. Demnach wird der Übergang nicht von der Durchmischung an der Grenzfläche, sondern von der Messmethode selbst bestimmt. Hier spielen Abtragungs- und Abschattungseffekte sowie die endliche Auflösung der Messmethode eine entscheidende Rolle. Die Schicht, die bei der hohen Temperatur von 623 K abgeschieden wurde, zeigt gegenüber der bei Raumtemperatur hergestellten Schicht keine merkliche Verbreiterung der Grenzfläche (Abb. 6.2 b). Innerhalb der Cr-Schicht wurde eine geringe Konzentration von 2,5 % Ni und innerhalb von Ni-Mn-Ga eine Konzentration von 1 % Cr beobachtet, was über der Auflösungsgrenze von AES liegt. Trotz dieser

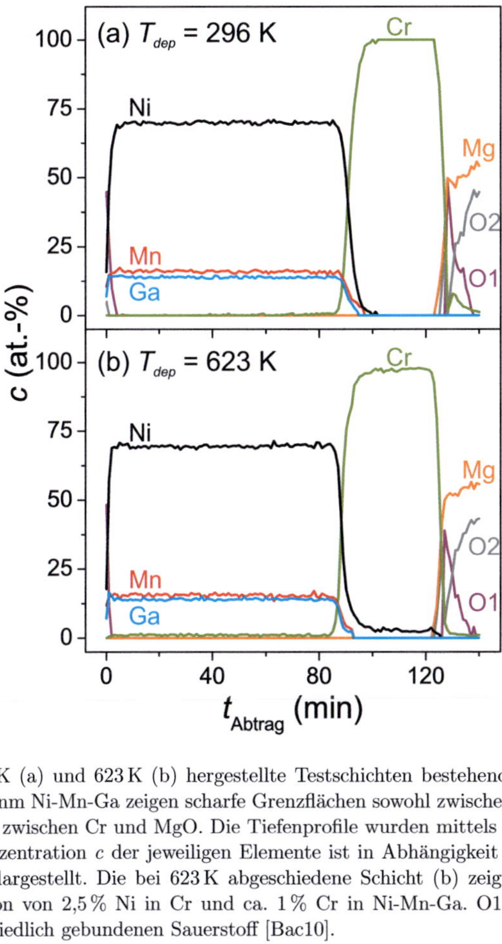

Abb. 6.2: Bei 293 K (a) und 623 K (b) hergestellte Testschichten bestehend aus MgO / 100 nm Cr / 200 nm Ni-Mn-Ga zeigen scharfe Grenzflächen sowohl zwischen Cr und Ni-Mn-Ga als auch zwischen Cr und MgO. Die Tiefenprofile wurden mittels AES aufgenommen, Die Konzentration c der jeweiligen Elemente ist in Abhängigkeit von der Sputterzeit t_{Abtrag} dargestellt. Die bei 623 K abgeschiedene Schicht (b) zeigt eine geringe Konzentration von 2,5 % Ni in Cr und ca. 1 % Cr in Ni-Mn-Ga. O1 und O2 stehen für unterschiedlich gebundenen Sauerstoff [Bac10].

geringen Diffusion von Ni in die Cr-Schicht und entgegensetzt, zeigen die Testschichten scharfe Grenzflächen zwischen Ni-Mn-Ga und der Cr-Opferschicht, was als Voraussetzung für eine selektive Ätzung des Cr-Puffers gilt [Bac10]. Der Einfluss des Ätzvorganges auf die Eigenschaften von Ni-Mn-Ga wird im folgenden Abschnitt vorgestellt.

6.3 Einfluss der Chromätzung auf Schichteigenschaften

Das Ablösen der Ni-Mn-Ga-Schicht vom Substrat erfolgte durch nasschemisches Ätzen der Cr-Opferschicht. Dabei wurde ein kommerzielles Cr-Ätzmittel verwendet, das eine Ätzrate von 150 nm/h für Cr, aber auch 2 nm/h für Ni aufweist. Der Ätzvorgang ist demnach nicht trivial und kann zur Zerstörung der Schicht führen. Die Schichten wurden von Srinivasa Yeduru Reddy am Institut für Mikrotechnologie (IMT) des Karlsruher Institut für Technologie (KIT) vom Substrat abgelöst. Ausgewählte Schichten wurden hinsichtlich ihrer Morphologie, Zusammensetzung, Struktur und magnetischen Eigenschaften vor und nach dem Ablösen der Schicht untersucht.

Die REM-Aufnahme einer ca. 1 µm dicken Schicht auf dem Substrat mit der Zusammensetzung $Ni_{50,3}Mn_{30,7}Ga_{19}$ zeigt Typ X-Zwillingsgrenzen entlang der [010]-Kanten von Austenit (Abb. 6.3 a). Nach dem Ätzen der Cr-Opferschicht wurde die Zusammensetzung der freistehenden Schicht zu $Ni_{50,5}Mn_{30,5}Ga_{19}$ ermittelt. Der Unterschied zur Schicht auf dem Substrat liegt im Bereich des Messfehlers, die Zusammensetzung vor und nach dem Ablösen der Schicht ist demnach identisch. Sowohl die Oberfläche der Ni-Mn-Ga-Schicht als auch die frühere Grenzfläche zur Cr-Opferschicht wurden nach dem Ablösen mittels REM untersucht und sind in Abb. 6.3 b bzw. c dargestellt. Beide Oberflächen zeigen Typ X-Zwillingsgrenzen. Außerdem sind an keiner der Oberflächen Grübchen bzw. Löcher festzustellen, die auf einen Angriff des Ätzmittels hinweisen würden. Das Ätzmittel scheint demnach nur den Cr-Puffer, jedoch nicht die Ni-Mn-Ga-Schicht anzugreifen. Auch die AFM-Untersuchungen zeigen die gleiche Art von Typ X-Zwillingsgrenzen vor und nach dem Ablösen (Abb. 6.4 a bzw. b). Der Vergleich der Höhenprofile zeigt, dass beide Schichten ein regelmäßiges Höhenprofil mit ähnlichem Zwillingsgrenzenwinkel von $\alpha = 7°$ für die Schicht auf dem Substrat und 8° für die freistehende Schicht aufweisen (Abb. 6.4 c). Damit ergibt sich nach Buschbeck *et al.* [Bus09] ein c/a-Verhältnis von 0,88 bzw. 0,87 was auf 14M-Martensit hinweist. Obwohl große Bereiche der freistehenden Schicht untersucht wurden, konnte kein Bereich entdeckt werden, in dem der Zwillingsgrenzenwinkel 12° beträgt, was auf makroskopische Varianten des NM-Martensits hinweisen würde.

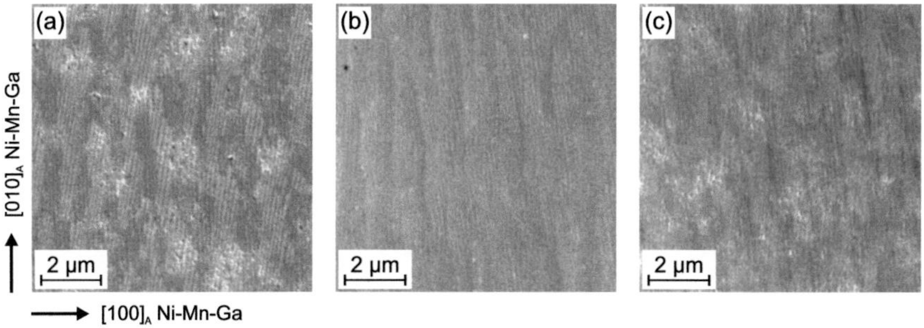

Abb. 6.3: (a) Die REM-Aufnahme einer 1 µm dicken Schicht auf dem Substrat zeigt Typ X-Zwillingsgrenzen, die entlang der [001]-Kanten des Austenits orientiert sind. Nach der nasschemischen Ätzung der Cr-Opferschicht sind die Typ X-Zwillingsgrenzen sowohl auf der früheren Schichtoberfläche (b) als auch auf der früheren Grenzfläche zu Cr (c) zu sehen, keine der Oberflächen zeigt Ätzgrübchen [Bac10].

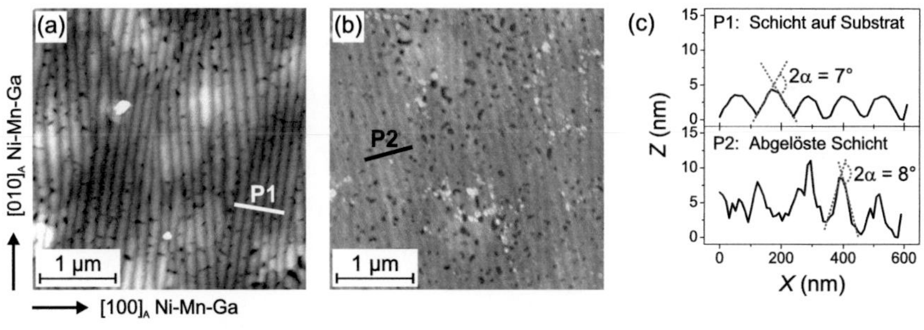

Abb. 6.4: AFM-Aufnahmen einer 1 µm dicken Schicht zeigen Typ X-Zwillingsgrenzen vor (a) und nach dem Ablösen (b) der Schicht vom Substrat. (c) In beiden Fällen wird ein regelmäßiges Höhenprofil beobachtet, aus dem ein fast identischer Zwillingswinkel von $\alpha = 7°$ bzw. $8°$ entnommen werden kann.

Die Struktur der ca. 1 µm dicken Schicht vor und nach dem Ablösen vom Substrat ist in Abb. 6.5 a bzw. b dargestellt. Die Röntgendiffraktogramme wurden für Kippwinkel von 1° bis 10° aufgenommen und aufsummiert. Die Schicht auf dem Substrat (Abb. 6.5 a) zeigt Reflexe, die zu den theoretischen Reflexpositionen von NM und 14M-Martensit passen [Pon00]. Außerdem ist im Fall der Schicht auf dem Substrat der 002-Reflex von Cr zu sehen. Im Fall der abgelösten Schicht (Abb. 6.5 a) ist der Cr-Reflex verschwunden, dafür ist aber im Bereich von $2\Theta = 76{,}6°$ ein relativ intensiver zusätzlicher Reflex erkennbar. Dieser zusätzliche Reflex kann auf das zur Fixierung der Schicht verwendete Leitsilber zurückgeführt werden. Alle anderen beobachteten Reflexe passen zur Ni-Mn-Ga-Phase und erscheinen an den gleichen Reflexpositionen wie im Fall der Schicht auf dem Substrat. Die Struktur ist demnach durch das Ablösen der Schicht vom Substrat unbeeinflusst [Bac10]. Obwohl vor und nach dem Ablösen Reflexe im Bereich der theoretischen Werte von NM-Martensit auftreten [Pon00], konnten weder die REM-Aufnahmen noch die Höhenprofilanalyse mittels AFM die Anwesenheit von makroskopischen NM-Martensitvarianten bestätigen. Vielmehr hat die Strukturanalyse von Typ X und Typ Y-Zwillingsgrenzen in Kap. 4.2 gezeigt, dass in Ni-Mn-Ga-Schichten ausschließlich makroskopischer 14M-Martensit vorkommt, während die NM-Varianten eine Größe von wenigen Nanometern nicht übersteigen.
Auch die magnetischen Eigenschaften der ca. 1 µm dicken Schicht werden nicht durch den Ätzvorgang beeinflusst und sind vor und nach dem Ablösen der Schicht nahezu identisch [Bac10]. Dies belegen sowohl die Messung der temperaturabhängigen Polarisation (Abb. 6.6 a) als auch die Hysteresekurve bei konstanter Temperatur von 250 K (Abb. 6.6 b). In beiden Fällen wurde das äußere Magnetfeld in der Schichtebene entlang der $[100]_A$-Richtung angelegt. Die temperaturabhängige Polarisation (Abb. 6.6 a) zeigt nahezu identische Curie-Temperaturen für die Schicht auf dem Substrat und die abgelöste Schicht mit 320 K bzw. 317 K. Der martensitische Übergang, der durch einen Abfall der Polarisation gekennzeichnet ist, kann in beiden Fällen nicht beobachtet werden und liegt demnach bei Temperaturen oberhalb von T_C. Der martensitische Übergang der freistehenden Schicht wurde mithilfe optischer Mikroskopie und einer eingebauten Heizplatte abgeschätzt und liegt im Bereich von ca. 470 K. Derart hohe Martensitübergangstemperaturen in Kombination mit einer geringen Curie-Temperatur konnten bisher nur für Ni-Mn-Ga-Legierungen mit e/a-Verhältnissen von 7,72 oder höher beobachtet werden [Lan04]. Dies ist in guter Übereinstimmung mit der hier untersuchten Schicht mit $e/a = 7{,}76$. Im Fall von Massivmaterialien kann man bei einem solch hohen e/a-Wert auf die NM-Martensitphase schließen [Lan04]. In dem im Laufe dieser Arbeit untersuchten Bereich von $7{,}5 \leq e/a \leq 7{,}9$ von

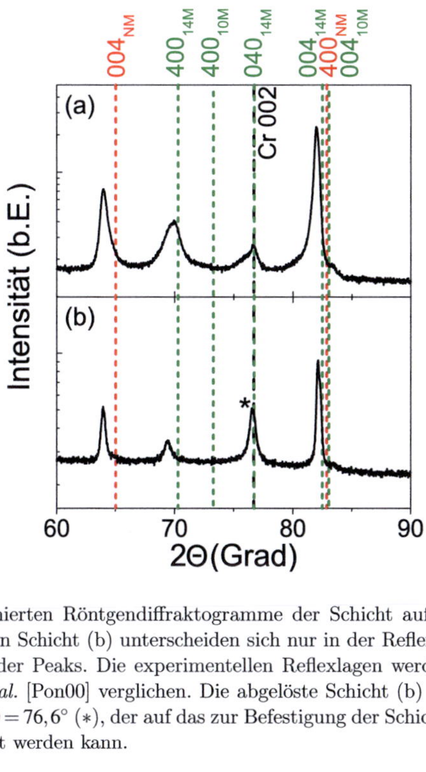

Abb. 6.5: Die aufsummierten Röntgendiffraktogramme der Schicht auf dem Substrat (a) und der abgelösten Schicht (b) unterscheiden sich nur in der Reflexintensität, jedoch nicht in der Lage der Peaks. Die experimentellen Reflexlagen werden mit Literaturwerten von Pons *et al.* [Pon00] verglichen. Die abgelöste Schicht (b) zeigt einen zusätzlichen Reflex bei $2\Theta = 76,6^\circ$ ($*$), der auf das zur Befestigung der Schicht verwendete Leitsilber zurückgeführt werden kann.

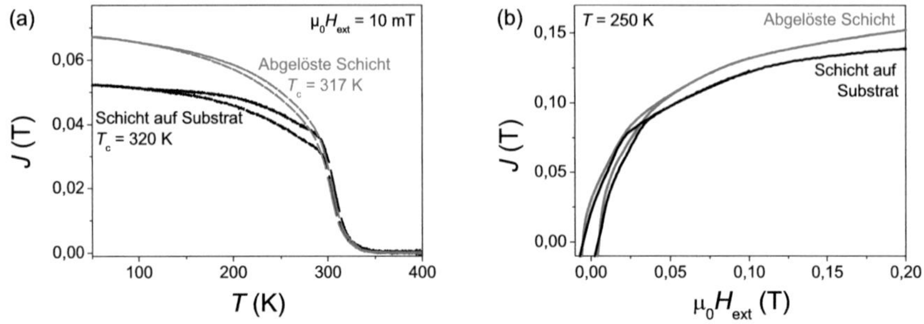

Abb. 6.6: (a) Die temperaturabhängige Polarisierung ergibt ähnliche Curie-Temperaturen für die Schicht auf dem Substrat (320 K) und die freistehende Schicht (317 K). Auch die Hysteresekurven (b) zeigen den gleichen Verlauf. Die magnetischen Eigenschaften werden nicht durch den Ätzvorgang beeinflusst [Bac10].

dünnen Ni-Mn-Ga-Schichten konnte jedoch kein Einfluss des e/a-Verhältnisses auf die Strukturbildung gefunden werden, da auch für hohe Werte die 14M-Martensitphase beobachtet wurde (siehe Kap. 4).

Die Hysteresekurven in Abb. 6.6 b wurden bei konstanter Temperatur von 250 K aufgenommen. Die Sättigungspolarisationen J_S der Schicht auf Substrat und der freistehenden Schicht sind mit 0,15 T bzw. 0,18 T nahezu identisch. Diese Werte liegen jedoch weit unter der Sättigungspolarisation von Ni-Mn-Ga-Einkristallen mit vergleichbaren e/a-Verhältnissen [Hec04]. Da die Hysteresekurven bei 250 K und damit nah an der Curie-Temperatur aufgenommen wurden, können geringe Unterschiede in der Temperatur einen großen Einfluss auf die Sättigungspolarisation ausüben. Jedoch haben Messungen bei einer Temperatur von 50 K gezeigt, dass die Sättigungspolarisation der Schicht auf dem Substrat den Wert von 0,4 T nicht übersteigt [Bac10] und damit etwa der Hälfte des theoretischen Wertes entspricht [Hec04]. Der geringe Wert von J_S kann teilweise mit dem Mn-Überschuss erklärt werden. Die überschüssigen Mn-Atome auf Ni- bzw. Ga-Plätzen koppeln antiferromagnetisch mit Mn-Atomen auf regulären Mn-Plätzen [Laz11] und führen damit zu einer Verringerung von J_S im Vergleich zu stöchiometrischem Ni_2MnGa. Außerdem wirken sich Schwankungen zwischen Soll-Schichtdicke und tatsächlicher Schichtdicke direkt auf die Berechnung der Sättigungspolarisation aus. Ungenauigkeiten in der Schichtdickenbestimmung können demnach zu den Unterschieden zwischen Experiment und Literatur beitragen. Sowohl die Hysteresekurve der Schicht auf dem Substrat als auch die der freistehenden Schicht zeigen bis auf eine schwache Hysterese im Bereich von $\mu_0 H_{ext} \leq 0{,}05$ T keinerlei Anzeichen für magnetfeldinduzierte Reorientierung von martensitischen Varianten. Obwohl die 14M-Martensitphase vorliegt, scheint das äußere Magnetfeld nicht in der Lage zu sein, die a_{14M}-c_{14M}-Zwillingsgrenzen durch die Schicht bewegen zu können.

Die vorangegangenen Untersuchungen der Eigenschaft einer ca. 1 µm dicken Schicht, die durch nasschemisches Ätzen der Cr-Opferschicht vom Substrat abgelöst wurde, hat gezeigt, dass die Opferschichtmethode prinzipiell beherrschbar ist. Die Schichtoberfläche wurde nicht durch das Ätzmittel angegriffen und auch Zusammensetzung, Struktur und die magnetischen Eigenschaften zeigen keine Unterschiede vor und nach dem Ätzvorgang. Die Ätzparameter wurden so gewählt, dass Schichten reproduzierbar und unbeeinflusst vom Ätzmittel abgelöst werden können. Im Verlauf der Arbeit hat sich jedoch auch gezeigt, dass geringe Unterschiede in der Qualität des Ätzmittels Einfluss auf die Ätzrate, die Zeit und den Angriff anderer Materialien ausüben kann. Die Aggressivität des Ätzmittels gegenüber Ni hängt z. B. von der Dauer der Anwendung ab. So zeigt sich, dass ein neues Ätzmittel einen stärkeren Angriff auf Ni-Mn-Ga ausüben kann als ein mehrere Monate altes Ätzmittel.
Die Folgen des Ätzangriffes auf eine 5 µm dicke Ni-Mn-Ga-Schicht sind in Abb. 6.7 dargestellt. Die Schicht auf dem Substrat (Abb. 6.7 a) zeigt Typ X-Zwillingsgrenzen entlang der $[100]_A$-Richtung von Austenit. Nach dem Entfernen der Schicht vom Substrat sind die Oberflächen durch eine matte und eine metallisch glänzende Seite deutlich unterscheidbar. Die matte Seite entspricht dabei der früheren Schichtoberfläche, die während des gesamten Ätzvorganges der scheinbar aggressiveren Ätzlösung ausgesetzt war, während die frühere Grenzfläche zu Cr metallisch glänzend ist. Die nominelle Dicke der Schicht auf dem Substrat entsprach 5 µm. REM-Aufnahmen zeigen jedoch, dass die Schichtdicke durch den Angriff des Ätzmittels auf ca. 3 µm reduziert wurde. Der Ätzangriff kann an Oberflächendefekten wie z. B. Durchstoßpunkten von Versetzungen beginnen und hinterlässt auf der Oberfläche kreisrunde Krater bzw. Löcher (Abb. 6.7 b). Auch sind an der Schichtoberfläche keinerlei Zwillingsgrenzen mehr erkennbar. Die Mehrzahl der Löcher ist jedoch nicht durchgängig. Demnach sind an der früheren Unterseite der Schicht (Abb. 6.7 c) nur vereinzelt Löcher erkennbar. Vielmehr handelt es sich bei den in Abb. 6.7 c beobachteten schwarzen Punkte um Rückstände des Ätzmittels bzw. des Lösungsmittels. Die Punkte weisen keine scharfen Ränder auf, was ein Hinweis auf Löcher gewesen wäre. Außerdem führt der hier verwendete BSE-Kontrast und mit ihm einhergehende Abschattungseffekte dazu, dass die Punkte größer erscheinen. Auf der ehemaligen Grenzfläche zu Cr sind deutlich Zwillingsgrenzen zu sehen, die auch entlang der $[100]_A$-Austenitkanten ausgerichtet sind.

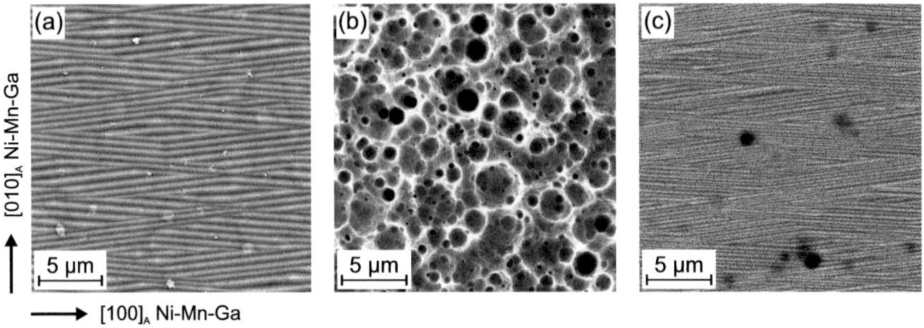

Abb. 6.7: REM-Aufnahmen einer 5 µm dicken Schicht vor (a) und nach (b, c) dem Ätzen der Cr-Opferschicht zeigen, dass bei falscher Wahl der Ätzparameter das Ätzmittel Auswirkungen auf die Schichtoberfläche haben kann. Die frühere Schichtoberfläche (b) zeigt kraterförmige Ätzlöcher, während auf der früheren Grenzfläche zu Cr (c) eindeutig Zwillingsgrenzen erkennbar sind. Im Fall von (a) und (c) wurde der BSE-Detektor, bei (b) wurde der Inlense-Detektor verwendet.

Die einzelnen Varianten sind im Vergleich zur Schicht auf dem Substrat feiner. Die Verfeinerung von Varianten im Bereich der ursprünglichen Grenzfläche dient dem Abbau von elastischer Energie [Koh92] und konnte auch in Schichten auf dem Substrat nachgewiesen werden (siehe Abb. 4.6 b in Kap 4.2). Die Entfernung der Grenzfläche durch Ätzen führt anscheinend nur zu einer teilweisen Vergröberung der ursprünglichen Zwillingsvarianten. Trotz des eindeutigen Angriffs des Ätzmittels an der Oberfläche haben strukturelle Untersuchungen keine Unterschiede zwischen der Schicht auf dem Substrat und der freistehenden Schicht ergeben.

6.4 Ansätze zur Optimierung der Opferschicht-Methode

Das Ablösen der Ni-Mn-Ga-Schicht vom Substrat ist notwendig, um die technische Anwendung in Mikrosystemen realisieren zu können. Dabei weist die Opferschichtmethode im Vergleich zu den anderen Ablöse-Verfahren die größten Vorteile auf. Bei Wahl eines geeigneten Opfermaterials kann die Struktur des Substrates auf die Ni-Mn-Ga-Schicht übertragen werden. Außerdem haben die ersten Versuche gezeigt, dass der Ätzvorgang bei der Wahl der geeigneten Parameter beherrschbar ist. Jedoch hat sich im Laufe der Arbeit herausgestellt, dass geringe Unterschiede in den Ätzparametern zum Abtrag der Schicht führen können. Um dies in Zukunft zu verhindern, sollte die Schichtoberfläche vor dem Angriff des Ätzmittels zusätzlich geschützt werden. Dafür wäre die Abscheidung einer weiteren

Cr-Schicht auf der Oberfläche denkbar. Diese Schutzschicht würde zusammen mit der Cr-Opferschicht nasschemisch entfernt werden können. Dabei ist jedoch darauf zu achten, dass die Cr-Deckschicht schneller entfernt wird als die Opferschicht durch Unterätzen. Da die Cr-Deckschicht im Gegensatz zur Opferschicht großflächig entfernt werden kann, müsste die Dicke der Deckschicht angepasst werden. Eine Alternative zum Schutz der Oberfläche ist die Aufbringung eines gegen das Cr-Ätzmittel resistenten Schutzlackes, wie z. B. in der optischen Lithographie.

Eine Alternative zur Verwendung von Chrom als Opfermaterial wäre ein Gold-Puffer, der zur Herstellung von freistehenden $Fe_{70}Pd_{30}$-Schichten verwendet wurde [Bec10]. Dabei konnte eine 50 nm dünne Au-Schicht epitaktisch auf einem einkristallinen MgO-Substrat mit der Orientierungsbeziehung MgO(001)[100] || Au(001)[100] hergestellt werden. Wird beim Wachstum von austenitischem Ni-Mn-Ga eine Rotation der Ni-Mn-Ga-Elementarzelle in der Schichtebene vorausgesetzt, so ergibt sich eine Fehlpassung von $f = -0{,}9\,\%$ zwischen Ni-Mn-Ga und Au ($a_{\mathrm{Au}} = 0{,}40786$ nm [Int11a]). Demnach scheint epitaktisches Wachstum von Ni-Mn-Ga auf Au theoretisch möglich. Auch kann Au durch eine wässrige Lösung aus Kaliumiodid und Iodid (KI/I_2) nachträglich entfernt werden. Der Ätzangriff ist zumindest im Fall von $Fe_{70}Pd_{30}$ stark selektiv und greift die Schicht nicht an [Bec10]. Ein Nachteil bei Verwendung von Au-Puffern liegt in der relativ starken Oberflächenrauigkeit, was sich nachteilig auf die Qualität der Grenzfläche zur darauf abgeschiedenen Schicht auswirkt [Bec10]. Die Diffusion von Au in das Schichtmaterial spielt im Fall von $Fe_{70}Pd_{30}$ keine Rolle, da die Schichten bei Raumtemperatur abgeschieden werden. Im Fall von Ni-Mn-Ga könnte die Diffusion jedoch zu einer weiteren Verschlechterung der Grenzflächenqualität beitragen. Der maßgebliche Nachteil bei Verwendung von Au-Puffern liegt jedoch im stark erhöhten Materialpreis. Aus diesem Grund sollte die Optimierung der Cr-Ätzung im Vordergrund stehen.

7 Mechanische Eigenschaften und Training von freistehenden Schichten

Das Ablösen von Ni-Mn-Ga-Schichten vom Substrat ist, wie im vorherigen Kapitel beschrieben, ein nicht-trivialer Vorgang, der von vielen Parametern abhängig ist. Obwohl das Ätzmittel Schichten partiell schädigen kann, hat es keinen Einfluss auf die Martensitstruktur bzw. die Zwillingsgrenzenkonfiguration der freistehenden Schicht.
Die Beweglichkeit der Zwillingsgrenzen ist im Hinblick auf eine technische Anwendung wichtig. Die damit verbundene Zwillingsgrenzenspannung kann durch mechanische Beanspruchung ermittelt werden. Die Ergebnisse der Spannungs-Dehnungs-Messungen an freistehenden Schichten werden im Folgenden erläutert. Anschließend wird der Aufbau und die Funktionsweise einer neuen Schicht-Trainingsanlage vorgestellt und erste Ergebnisse des Trainings von freistehenden Ni-Mn-Ga-Schichten präsentiert.

7.1 Mechanische Eigenschaften

Die Untersuchung der mechanischen Eigenschaften gibt Auskunft über die Beweglichkeit der Zwillingsgrenzen im Material. Dabei werden Massivproben fast ausschließlich auf Druck belastet [Soz04, Gai07]. Die Spannung kann mit zwei Druckplatten gleichmäßig über die gesamte Oberfläche aufgebracht werden, wobei die kurze und magnetisch leichte c_{14M}-Achse ausgerichtet wird. Eine zusätzliche Einspannung der Probe ist bei Druckversuchen nicht notwendig. Dünne Schichten können jedoch nicht auf Druck belastet werden, dies würde zum Knicken der Schicht führen. Die mechanischen Eigenschaften der freistehenden Schichten wurden daher unter Zugbelastung untersucht. Dabei stellen die Einspannstellen inaktive Bereiche dar, in denen die Zwillingsgrenzenbewegung behindert wird. Für die Zugversuche sind demnach Schichten mit hohem Aspektverhältnis, d. h. einem hohen Verhältnis zwischen Länge und Breite, notwendig. Diese wurden einerseits durch streifenförmige Strukturierung von Schichten auf dem Substrat vor dem Ablösen und andererseits durch Verwendung von Substraten mit hohem Aspektverhältnis hergestellt. Die Zugversuche wurden von Srinivasa Yeduru Reddy im Rahmen seiner Dissertation am Karlsruher Institut für Technologie durchgeführt. Die Spannungs-Dehnungs-Messung erfolgte dabei dehnungskontrolliert.

7.1.1 Pseudoplastizität

Die Spannungs-Dehnungs-Kurve einer ca. 1 µm dicken Schicht ist in Abb. 7.1 dargestellt [Bac10]. Dabei wurde die mechanische Zugspannung entlang der $[100]_A$-Kante von Austenit angelegt. Nach einem ersten Anstieg bleibt die Spannung auf einem konstanten Niveau. Dieses Spannungsplateau endet erst bei einer Dehnung von ca. 12 %, ab der die Spannung wieder stark zunimmt. Die Schicht reißt bei einer Last von 220 MPa. Das Spannungsplateau kennzeichnet die mechanisch induzierte Bewegung von Zwillingsgrenzen durch das Material [Hec09]. Mithilfe der Tangentenmethode wurde die Zwillingsspannung σ_{ZG} zu 25 MPa ermittelt. Damit ist die Grenze von wenigen Megapascal, die ein äußeres Magnetfeld aufbringen kann, weit überschritten. Der Vergleich der beobachteten Zwillingsspannung mit in Druckversuchen an Einkristallen ermittelten Werten [Söd04] zeigt, dass eine derart hohe Zwillingsspannung typisch für den nicht-modulierten Martensit ist. Auch die hohe erzielbare remanente Dehnung von 11 %, die durch die Tangentenmethode ermittelt wurde, ist ein Hinweis auf die Umorientierung von NM-Varianten.
Der Ausgangszustand der Schicht vor dem Zugversuch ist jedoch ein Mehrvariantenzustand der 14M-Phase. Dies belegen sowohl REM- und TEM-Aufnahmen als auch Röntgendiffraktometrie-Untersuchungen der freistehenden Ni-Mn-Ga-Schicht [Yed12]. Vor der mechanischen Belastung sind Typ X-Zwillingsgrenzen zu sehen, die unter einem Winkel von 45° durch den Schichtquerschnitt verlaufen. Nach der Zugbelastung mit der maximalen Spannung von 220 MPa konnte mittels Röntgendiffraktometrie nur noch der NM-Martensit nachgewiesen werden. Auch TEM-Aufnahmen der gezogenen Schicht zeigen keinerlei Anzeichen für 14M-Zwillingsgrenzen sondern nur einen einzigen NM-Varianten [Yed12]. Die mechanische Spannung von 25 MPa scheint demnach ausreichend, um die 14-fach modulierte Martensitphase in nicht-modulierten Martensit umzuwandeln. Die intermartensitische Umwandlung von 14M zu NM wurde in Massivmaterialien bereits beobachtet und ist durch Sprünge in der Spannungs-Dehnungs-Kurve gekennzeichnet [Che05]. Derartige Sprünge wurden hier nicht beobachtet.
Legt man das Konzept des adaptiven Martensits zugrunde [Kau10], kann der intermartensitische Übergang als mikrostruktureller Übergang betrachtet werden. Dabei wird die

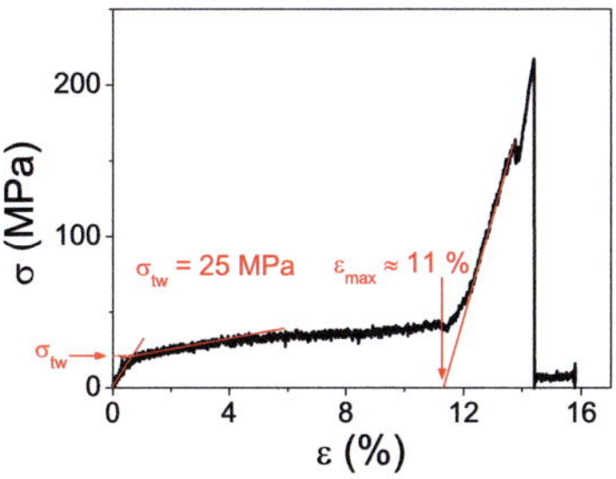

Abb. 7.1: Die Spannungs-Dehnungs-Kurve einer 1 µm dicken freistehenden Schicht zeigt ein Spannungsplateau bei $\sigma = 25$ MPa, das auf die mechanisch induzierte Umverteilung von Varianten hinweist. Die maximal erreichbare Dehnung liegt bei 11 %, die Schicht reist bei einer Zugbelastung von 220 MPa [Bac10].

14M-Struktur mit hoher Zwillingsgrenzendichte bei Aufbringen einer äußeren Last in die NM-Struktur mit geringer Anzahl an Zwillingsgrenzen umgewandelt. Beim Anlegen einer äußeren Zugspannung wird im Idealfall ein mesoskopisch verzwillingter 14M-Martensit zunächst in einen 14M-Einvariantenzustand überführt, wobei die lange a_{14M}-Achse in Zugrichtung ausgerichtet wird. Bei weiterer Erhöhung der Zugspannung werden die NM-Zwillingsgrenzen bewegt, sodass man schlussendlich einen NM-Einvariantenzustand erhält. In der experimentell untersuchten Schicht liegen jedoch verschieden orientierte Typ X-Laminate nebeneinander vor, die durch inkompatible Variantengrenzen miteinander verbunden sind (siehe Abb. 4.13 auf S. 45). Bei gegebener Richtung der äußeren Spannung beträgt der Schmid-Faktor in einem Laminat Null während im benachbarten Laminat $m = 0{,}5$ gilt. Der Einfluss der äußeren Zugspannung auf das Martensitgefüge hängt nun sowohl vom Schmid-Faktor m der mesoskopischen 14M-Zwillingsgrenzen als auch vom Schmid-Faktor m der NM-Zwillingsgrenzen ab.

Die spannungsinduzierte Umwandlung von 14M- in NM-Martensit ist in Abb. 7.2 schematisch dargestellt. Bei dem in Abb. 7.2 a skizzierten Ausgangszustand der freistehenden Schicht vor der Zugbelastung wird davon ausgegangen, dass lediglich eine einzige Orientierung von parallel verlaufenden Typ X-Zwillingsgrenzen in der Schicht vorkommt. Anschließend wird eine mechanische Zugspannung in der Schichtebene angelegt. Diese wirkt entweder senkrecht zu den Zwillingsgrenzen in x-Richtung oder entlang der Zwillingsgrenzen in y-Richtung (Abb. 7.2 a). Beide Fälle werden zur Vereinfachung getrennt voneinander betrachtet und verdeutlichen die Auswirkung einer Zugspannung auf ein Typ X-Laminat mit $m = 0{,}5$ bzw. $m = 0$.

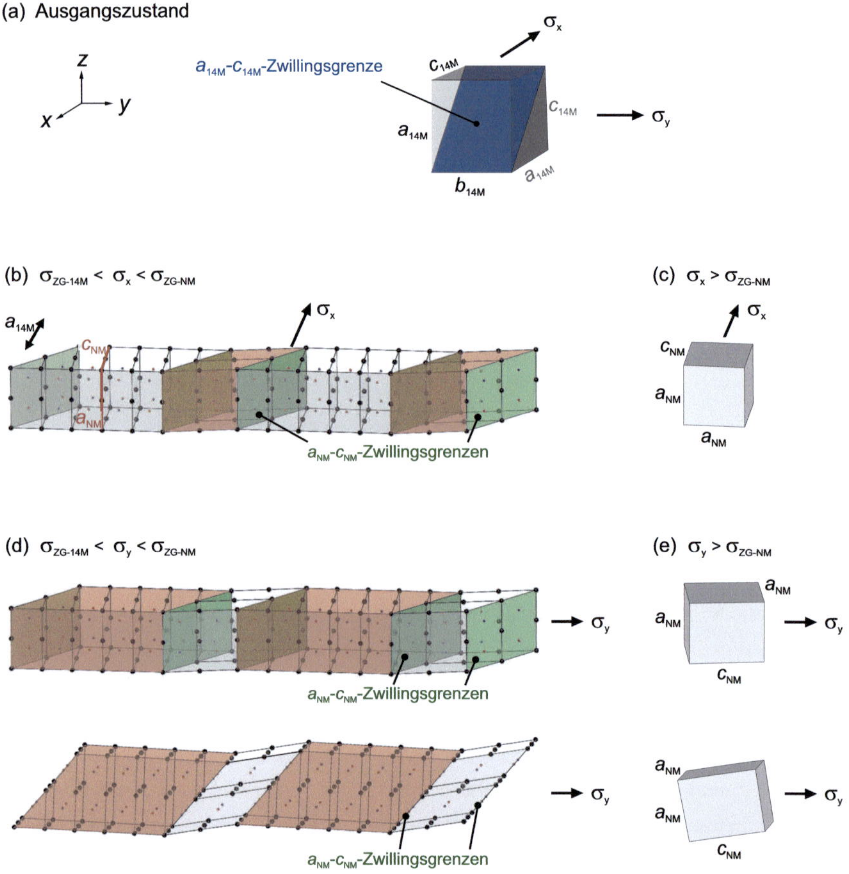

Abb. 7.2: Im Ausgangszustand (a) zeigt die Schicht a_{14M}-c_{14M}-Zwillingsgrenzen, die 45° verkippt durch den Schichtquerschnitt verlaufen. (b) Wirkt eine äußere Zugspannung $\sigma_x > \sigma_{ZG\text{-}14M}$ entlang der x-Richtung, können die 14M-Zwillingsgrenzen bewegt werden, die lange a_{14M}-Achse wird in Zugrichtung ausgerichtet, es entsteht ein 14M-Einvariantenzustand. (c) Bei weiterer Erhöhung der äußeren Spannung über einen Wert von $\sigma_{ZG\text{-}NM}$ können die Nanozwillingsgrenzen bewegt werden, es entsteht ein NM-Einvariantenzustand. (d) Wird die Spannung im Ausgangszustand (a) entlang der y-Richtung angelegt, wirkt keine äußere Kraft auf die a_{14M}-c_{14M}-Zwillingsgrenze, es liegen zwei 14M-Varianten nebeneinander vor. Durch Verschiebung der NM-Zwillingsgrenzen können die 14M-Varianten in NM umgewandelt werden, sobald die äußere Spannung σ_y die Zwillingsgrenzenspannung von NM-Martensit $\sigma_{ZG\text{-}NM}$ übersteigt (e). Die in (b) bzw. (d) rot gekennzeichneten Varianten stellen die gegenüber der Richtung der äußeren Spannung bevorteilten NM-Orientierungen dar.

Wirkt die mechanische Spannung σ_x in x-Richtung, so beträgt der Schmid-Faktor bei Betrachtung der a_{14M}-c_{14M}-Zwillingsgrenze $m = 0{,}5$. Überschreitet die außen angelegte Spannung σ_x die Zwillingsgrenzenspannung $\sigma_{ZG\text{-}14M}$ der modulierten Phase, werden die 14M-Varianten mit der langen a_{14M}-Achse in Zugrichtung ausgerichtet. Der daraus folgende 14M-Einvariantenzustand ist in Abb. 7.2 b skizziert. Die 14M-Elementarzelle ist wiederum aus NM-Bausteinen aufgebaut, die durch a_{NM}-c_{NM}-Zwillingsgrenzen miteinander verbunden sind. Dabei sind abwechselnd die lange c_{NM}- und die kurze a_{NM}-Achse in Zugrichtung orientiert. Die rote Markierung in Abb. 7.2 b zeigt die Orientierung der kurzen a_{NM}-Achse in Zugrichtung. Obwohl auch die NM-Zwillingsgrenzen einen Schmid-Faktor von 0,5 aufweisen, liegt die Spannung für die Bewegung von NM-Zwillingsgrenzen $\sigma_{ZG\text{-}NM}$ mehr als eine Größenordnung über $\sigma_{ZG\text{-}14M}$ [Söd04]. Aus diesem Grund werden die NM-Zwillingsgrenzen erst bei weiterer Erhöhung der Zugspannung bewegt, sodass schließlich ein Einvariantenzustand des NM-Martensits mit $c_{NM} \parallel \sigma_x$ erreicht wird, der in Abb. 7.2 c skizziert ist.
Wirkt die äußere Zugspannung entlang der in Abb. 7.2 a definierten y-Richtung, so liegt der Schmid-Faktor der a_{14M}-c_{14M}-Zwillingsgrenzen der modulierten Phase bei $m \approx 0$, d. h. die 14M-Zwillingsgrenzen werden nicht bewegt. Es liegen somit zwei verschieden orientierte 14M-Varianten nebeneinander vor, die jeweils eine periodische Anordnung von a_{NM}-c_{NM}-Zwillingsgrenzen aufweisen. Die in Hinblick auf die Zugspannungsrichtung nicht bevorzugten NM-Varianten sind in Abb. 7.2 d rot hinterlegt. diese werden bei Spannungserhöhung über $\sigma_{ZG\text{-}NM}$ so umorientiert, dass die lange c_{NM}-Achse entlang der Zugspannung ausgerichtet ist. Diese möglichen Endzustände sind in Abb. 7.2 e abgebildet. Ohne Bewegung der 14M-Zwillingsgrenzen könnten demnach die verschiedenen 14M-Varianten bei genügend hoher Spannung in NM-Martensit umgewandelt werden.
Wie bereits erwähnt, gehen die in Abb. 7.2 skizzierten Fälle davon aus, dass in den Schichten jeweils nur eine a_{14M}-c_{14M}-Zwillingsgrenzenorientierung existiert, die entweder einen Schmid-Faktor von 0 oder 0,5 aufweist. Im Realfall liegen jedoch beide Zwillingsgrenzenorientierungen nebeneinander vor, die durch inkompatible Grenzflächen miteinander verbunden sind (siehe Abb. 4.13). Wird demnach die zur Bewegung von 14M-Zwillingsgrenzen notwendige Spannung überschritten, würde sich der Bereich, in dem $m = 0{,}5$ (Abb. 7.2 b) gilt, plastisch verformen, während der Bereich mit $m = 0$ keine Dehnung erfährt. Da beide Orientierungen jedoch gleichzeitig verformt werden müssen, ist das Laminat mit der höheren Zwillingsgrenzenspannung entscheidend für die Verformung, d. h. das Laminat mit einem Schmid-Faktor $m = 0$. Somit kann eine superplastische Verformung der gesamten Schicht erst bei der höheren kritischen Spannung $\sigma_{ZG\text{-}NM}$ auftreten, wobei die gesamte

Schicht in einen NM-Einvariantenzustand umgewandelt wird. Den scheinbar einfachen, homogenen Spannungs-Dehnungs-Messungen (Abb. 7.1) liegt somit ein komplexer Verformungsmechanismus zugrunde, der alle Zwillingshierarchien von NM-Nanozwillingsgrenzen über mesoskopische a_{14M}-c_{14M}-Zwillingsgrenzen bis hin zu Variantengrenzen zwischen verschieden orientierten Laminaten umfasst.

7.1.2 Anisotropie der mechanischen Eigenschaften

Die Untersuchung der Richtungsabhängigkeit der mechanischen Eigenschaften erfolgte an ca. 1 µm dicken Schichten. Dabei waren die Kanten der austenitischen Ni-Mn-Ga-Elementarzelle zum einen parallel und zum anderen um 45° gedreht zu den Kanten der freistehenden Schicht ausgerichtet. Dadurch konnte die Zugspannung entlang der $[100]_A$- bzw. entlang der $[110]_A$-Richtung von Austenit angelegt werden. Die zugehörigen Spannungs-Dehnungs-Diagramme sind in Abb. 7.3 a dargestellt [Yed10]. Beide Kurven zeigen das für Zwillingsgrenzenbewegung typische Spannungsplateau. Die Zwillingsspannung bei Belastung entlang der $[100]_A$-Kanten beträgt 25 MPa, es wird eine remanente Dehnung von 11 % erreicht. Bei mechanischer Beanspruchung entlang der $[110]_A$-Richtung ist die Zwillingsspannung auf 30 MPa erhöht, die remanente Dehnung beträgt ca. 3 %.

In beiden Fällen entspricht der Ausgangszustand einem Mehrvariantenzustand der 14M-Martensitphase. Auch hier scheint eine teilweise Umwandlung von der 14M-Struktur in die NM-Struktur zu erfolgen. Wie bereits im vorherigen Abschnitt beschrieben, kann nur ein Teil der maximal möglichen Dehnung von 24 % erreicht werden, wenn von einem Mehrvariantenzustand als Ausgangspunkt ausgegangen wird. Bei Zugrichtung entlang der $[100]_A$-Kanten und angenommener Gleichverteilung der Varianten entspricht diese ca. 50 % der theoretisch möglichen Dehnung und liegt damit bei 12 %, was in guter Übereinstimmung mit den Experimenten ist. Wird die Schicht jedoch entlang der $[110]_A$-Kanten mechanisch beansprucht, so verringert sich die erreichbare Dehnung weiter, da nur die Projektion der Austenitachsen in Belastungsrichtung zur erreichten Dehnung beiträgt.

Für die Analyse der unterschiedlich hohen Zwillingsspannungen bei Belastung entlang $[100]_A$ bzw. $[110]_A$ sind in Abb. 7.3 b die Schmid-Faktoren für alle möglichen Orientierungen der a_{14M}-c_{14M}-Zwillingsgrenzen in Bezug auf die Zugrichtung angegeben. Dabei wurde angenommen, dass die Zugrichtung exakt der $[100]_A$- bzw. $[110]_A$-Richtung entspricht. Außerdem wurde zur Vereinfachung die kubische Austenitelementarzelle als Berechnungsgrundlage verwendet. In beiden Belastungsrichtungen wird ein Gleitsystem nicht aktiviert. Der Schmid-Faktor für Belastung entlang $[100]_A$-Richtung ist im Vergleich zur

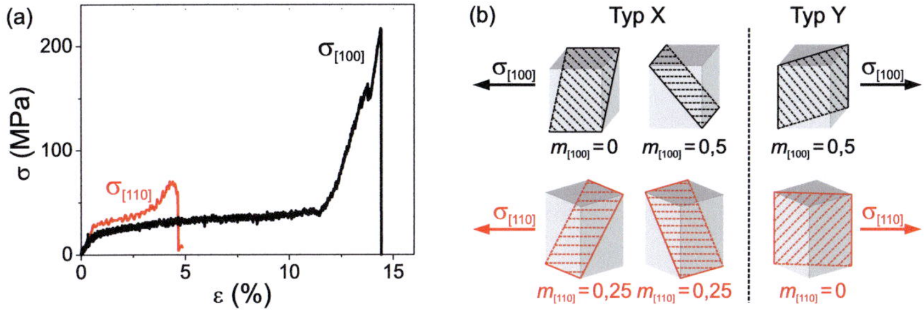

Abb. 7.3: (a) Die Spannungs-Dehnungs-Kurven mit Belastung entlang $[100]_A$- bzw. $[110]_A$-Austenitrichtung zeigen Unterschiede in der Zwillingsgrenzenspannung sowie in der maximal erreichbaren Dehnung. (b) Die Schmid-Faktoren m der verschiedenen Gleitsysteme wurde für die jeweilige Belastungsrichtung für die kubische Vereinfachung berechnet [Yed10]. Typ X und Typ Y beziehen sich hier auf die verschiedenen Orientierungen von a_{14M}-c_{14M}-Zwillingsgrenzen.

$[110]_A$-Belastungsrichtung doppelt so groß, was den gleichen Unterschied in der Zwillingsgrenzenspannung nach sich ziehen würde. Die experimentell ermittelten Unterschiede sind jedoch wesentlich geringer (25 MPa für $[100]_A$ und 30 MPa für $[110]_A$). Die tetragonale Verzerrung der Martensitelementarzelle führt zu einer Veränderung der zur Berechnung der Schmid-Faktoren beitragenden Winkel. Dabei sinkt der Schmid-Faktor bei mechanischer Belastung entlang $[100]_A$ und steigt, wenn die Zugrichtung der $[110]_A$-Achse entspricht.

Die intermartensitische Umwandlung wurde im vorherigen Abschnitt für die Zugspannung entlang der $[100]_A$-Achse detailliert erläutert. Liegt die Zugspannung entlang der $[110]_A$-Achse an, so lassen die experimentell ermittelten Werte der Zwillingsgrenzenspannung auch auf eine Umwandlung in NM-Martensit schließen. Die NM-Zwillingsgrenzen zeigen bei $σ_{[110]}$ jedoch einen Schmid-Faktor von $m \approx 0$, sodass eine vollständige spannungsinduzierte intermartensitische Umwandlung nicht möglich sein und damit nanoverzwillingte Bereiche vorhanden sein sollten. Diese These muss jedoch mit zusätzlichen TEM-Untersuchungen einer in $[110]_A$-Richtung mechanisch beanspruchten Schicht verifiziert werden.

Die Untersuchung der Richtungsabhängigkeit der mechanischen Eigenschaften hat gezeigt, dass die geringste Zwillingsgrenzenspannung für die mechanische Zugbelastung entlang $[100]_A$-Kanten zu erwarten ist. Außerdem kann so die maximale Dehnung erreicht werden. Für die technische Anwendung bedeutet dies, dass das äußere Magnetfeld immer entlang der Kanten der martensitischen Elementarzelle angelegt werden muss, um die maximal mögliche Dehnung zu erreichen.

Die Untersuchung der mechanischen Eigenschaften hat jedoch auch gezeigt, dass sich das Auftreten verschieden orientierter a_{14M}-c_{14M}-Zwillingsgrenzen und die dazwischen liegenden inkompatiblen Grenzflächen negativ auf die Zwillingsgrenzenbewegung auswirken, da lediglich ein Teil der Zwillingsgrenzen bewegt werden kann. Da die verschiedenen Orientierungen von Typ X-Zwillingsgrenzen jedoch energetisch gleichwertig sind und aufgrund der harten Randbedingungen des Substrates gleich wahrscheinlich sind, kann das Gefüge der Schicht nicht während der Herstellung beeinflusst werden. Die Beeinflussung des Gefüges mit Hinblick auf eine gleichmäßige, definierte Ausrichtung von 14M-Elementarzellen und gleichmäßig parallel verlaufenden Zwillingsgrenzen kann erst nach dem Ablösen der Schicht erfolgen. Diese Beeinflussung wird als Training bezeichnet. Im nachfolgenden Teil werden die ersten, an freistehenden Ni-Mn-Ga-Schichten durchgeführten Trainingsexperimente vorgestellt, die auf die gezielte Einstellung des Gefüges der freistehenden Schicht abzielen.

7.2 Training von freistehenden Schichten

7.2.1 Trainingskonzepte in Massivmaterialien

Die Verbesserung der Zwillingsgrenzenbewegung bzw. die Verringerung der Zwillingsgrenzenspannung in Ni-Mn-Ga kann durch thermische, mechanische oder magnetische Behandlung erreicht werden. Zudem ist eine Kombination der verschiedenen Behandlungsmethoden möglich. Das Ziel dieses sogenannten Trainings besteht zum einen darin, den Ausgangszustand in einen Einvariantenzustand zu verwandeln, um so die maximal erreichbare Dehnung erhalten zu können. Ist vor der Belastung bereits eine Zwillingsgrenze im Material vorhanden, verringert sich die erreichbare Dehnung. Gleichzeitig kann jedoch die zur Nukleation einer Zwillingsgrenze notwendige Energie gespart werden [Str08, Aal10a]. Straka *et al.* [Str08] zeigten, dass die Zwillingsgrenzenspannung in 10M- als auch 14M-Einkristallen durch Kühlen unter Last und anschließende magneto-mechanische Behandlung so weit abgesenkt werden konnte, dass eine magnetfeldinduzierte Dehnung messbar war. Die Abkühlung der Einkristalle unter Druckspannung soll dabei die kurze c-Achse entlang der Druckrichtung ausrichten und so einen Einvariantenzustand erzeugen. Die Zwillingsgrenzenspannung wurde dadurch zwar verringert, jedoch ist diese thermo-mechanische Behandlung allein nicht ausreichend. Bei der Abkühlung unter Last kann es zur Nukleation verschiedener, nicht miteinander kompatibler Zwillingsgrenzen kommen, die sich gegenseitig behindern [Str11a]. Durch die anschließende magneto-mechanische Behandlung wird einer der konkurrierenden Varianten bevorzugt und vergrößert sich sukzessive [Str08]. Auch bei polykristallinem Ni-Mn-Ga haben sich kombinierte Trainings-Methoden zur Verringerung der Zwillingsgrenzenspannung bewährt. In 10M-Polykristallen konnte durch thermo-mechanisches Training eine magnetfeldinduzierte Dehnung von 0,3 % bei Raumtemperatur gemessen werden. Bei 40 °C konnte eine Dehnung von 1 % erzielt werden [Gai09]. Die Zwillingsgrenzenspannung steigt stark mit Verringerung der Temperatur an [Hec03a]. Demnach sind die besten erreichbaren Dehnungswerte bei Temperaturen kurz unter der martensitischen Umwandlung zu erwarten. Dies wurde auch für Einkristalle experimentell nachgewiesen [Gla02].

Bei polykristallinen Ni-Mn-Ga-Schäumen führte das thermo-magneto-mechanische Training zu einer magnetfeldinduzierten Dehnung von 2,0 bis 8,7 %, die über weit mehr als 200.000 Zyklen stabil war [Chm09]. Während des Trainings wurde die Temperatur so geregelt, dass die Schäume eine vollständige Austenit-Martensit-Umwandlung durchlaufen. Während der martensitischen Umwandlung bewirkte die Kombination aus zyklischer Druckkraft in einer Richtung und rotierendem Magnetfeld in der Ebene senkrecht dazu die merkliche Erhöhung der magnetfeldinduzierten Dehnung [Chm09].

Die Kombination aus thermischem, mechanischem und magnetischem Training wurde auch im Rahmen dieser Arbeit angewandt. Im nachfolgenden Abschnitt wird der hierfür verwendete, neu entwickelte Aufbau zum Training von dünnen Schichten vorgestellt.

7.2.2 Aufbau und Wirkungsweise der Schicht-Trainingsanlage

Im Rahmen dieser Arbeit wurde in Zusammenarbeit mit Sandra Kauffmann-Weiß und der Forschungstechnik des IFW Dresden eine neue Trainingsanlage für dünne MSM-Schichten konzipiert. Die Anlage ist in Abb. 7.4 schematisch dargestellt. Abb. 7.5 zeigt den Aufbau der Trainingsanlage (a) und der Probenkammer (b).

Die freistehende Schicht hängt in einer Probenkammer und ist an der oberen Einspannung fixiert. Am unteren Ende kann ein zusätzliches Gewicht angebracht werden, wodurch die Schicht mit einer Zugspannung von bis zu 1 MPa belastet werden kann. Die Zugspannung dient der Ausrichtung der 14M-Elementarzelle während der martensitischen Umwandlung, wobei die lange a_{14M}-Achse in Zugrichtung ausgerichtet wird. Außerdem verhindert das zusätzliche Gewicht ein seitliches Aufrollen der Schicht während des Trainings.

Die Probenkammer ist ein abgeschlossenes System, das an einen Heiz- bzw. Kühlkreislauf angeschlossen ist. Mithilfe einer Kühlflüssigkeit kann die Temperatur in der Probenkammer zwischen -20 °C und 200 °C mit einer Rate von ca. 3 K/min variiert werden. Um eine

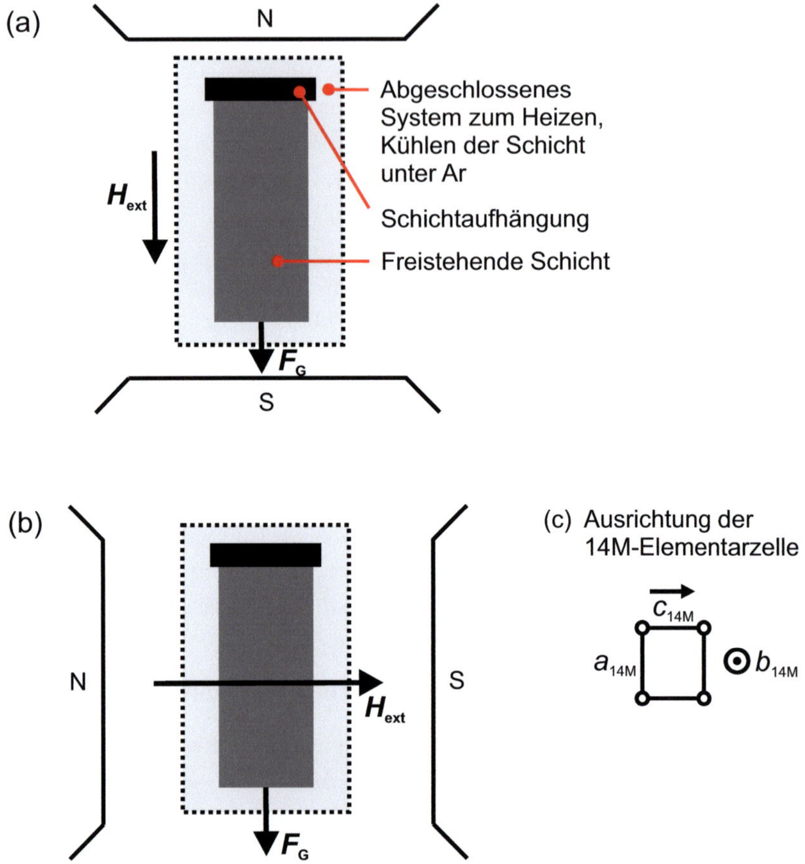

Abb. 7.4: Die neu konzipierte Anlage zum Training von freistehenden Schichten besteht aus einer abgeschlossenen Probenkammer und einem drehbar gelagerten Magneten. In der Probenkammer befindet sich die am oberen Ende fixierte Schicht, an der am unteren Ende ein zusätzliches Gewicht F_{G} angebracht werden kann. Unter Ar-Atmosphäre kann die Temperatur der Kammer zwischen -20 °C und 200 °C variiert werden. Das äußere Magnetfeld H_{ext} kann entweder parallel (a) oder senkrecht (b) zur Schichtlängsachse bzw. zur Gewichtskraft F_{G} ausgerichtet werden. Der in (b) dargestellte Aufbau dient der definierten Ausrichtung der 14M-Elementarzelle während des martensitischen Übergangs (c).

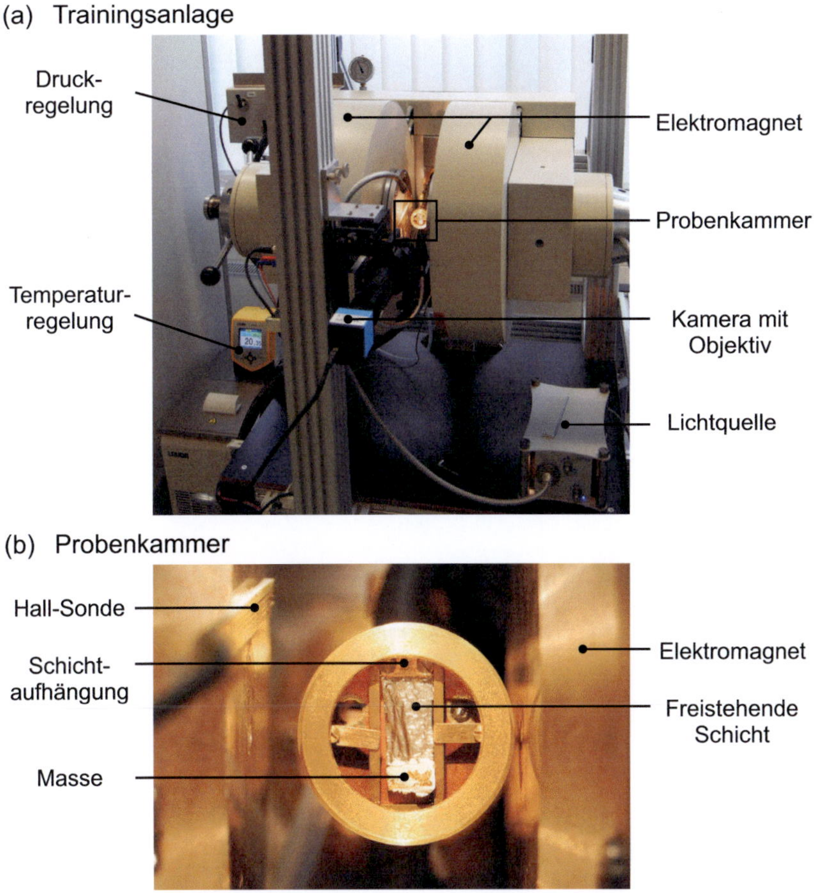

Abb. 7.5: Die Fotos zeigen den Aufbau der Schicht-Trainingsanlage (a) und der Probenkammer (b) mit einer freistehenden Schicht.

Oxidation der Schicht und eine Kondensation von Wasser zu verhindern, erfolgt das Heizen und Kühlen unter einem geringen Unterdruck bzw. in Ar-Atmosphäre. Die gesamte Probenkammer befindet sich innerhalb eines drehbar gelagerten Elektromagneten. Damit kann ein externes Magnetfeld von maximal 0,98 T parallel bzw. senkrecht zur Gewichtskraft angelegt werden, was in Abb. 7.4 a bzw. b schematisch dargestellt ist. Dies ist notwendig, da die Anlage sowohl für das Training von Ni-Mn-Ga-Schichten als auch von Fe-Pd-Schichten genutzt werden soll. Im Fall von Ni-Mn-Ga stellt die kurze c_{14M}-Achse die magnetische leichte Achse dar, während bei Fe-Pd die lange a-Achse der magnetisch leichten Achse entspricht. Der Einfluss der Trainingszyklen auf die Schichtmorphologie kann *in-situ* mittels einer extern angebrachten Kamera beobachtet werden. Dafür ist in der Probenkammer ein Quarzglas-Sichtfenster eingelassen.

Die ersten mit dieser Anlage durchgeführten Trainingszyklen dienten der Vergröberung der bestehenden Martensitvarianten. Dafür unterlief eine freistehende Schicht, die hauptsächlich Typ X-Zwillingsgrenzen aufwies, 25 Temperaturzyklen im Bereich des martensitischen Übergangs. Diese Temperaturzyklen wurden mit einer angelegten Zugspannung von ca. 0,35 MPa wiederholt. Die Zugspannung dient der Ausrichtung der langen und magnetisch schweren a_{14M}-Achse entlang der Zugrichtung. Da dabei jedoch die Richtung der magnetisch leichten c_{14M}-Achse nicht eindeutig definiert wird, wurde in einem dritten Trainingsschritt zusätzlich ein Magnetfeld von 0,98 T senkrecht zur Zugspannung angelegt. Dies soll die eindeutige Ausrichtung der 14M-Varianten während der martensitischen Umwandlung bewirken und damit zur Bildung eines Einvariantenzustandes beitragen (Abb. 7.4 c).

Im nachfolgenden Teil wird die zum Training ausgewählte Schicht vorgestellt. Außerdem werden die ersten Ergebnisse der thermischen, thermo-mechanischen und thermo-magneto-mechanischen Trainingszyklen präsentiert sowie die zur Verbesserung der Schichteigenschaften notwendigen Schritte diskutiert.

7.2.3 Auswahl der zu trainierenden Schichten

Eine für das Training geeignete Schicht sollte große Bereiche gleicher Zwillingsgrenzenorientierungen mit möglichst wenigen Variantengrenzen aufweisen. Variantengrenzen stellen Pinningzentren für die Zwillingsgrenzenbewegung dar. Aus diesem Grund wurden 5 µm dicke Schichten ausgewählt, die hauptsächlich Typ X-Zwillingsgrenzen aufweisen. Diese Zwillingsgrenzen sind gleichermaßen parallel und senkrecht zur Schichtlängsachse orientiert. Die magnetischen Eigenschaften einer der ausgewählten Schichten vor dem Ablösen sind in Abb. 7.6 dargestellt. Diese Schicht zeigt einen martensitischen Übergang im Bereich

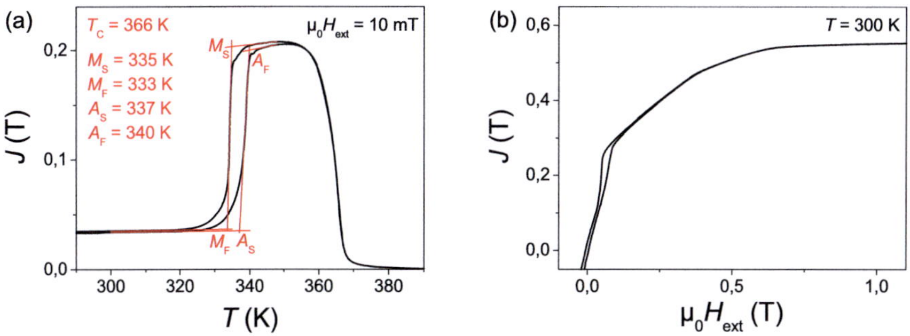

Abb. 7.6: Die zum thermo-magneto-mechanischen Training ausgewählte Schicht zeigt vor dem Ablösen einen Martensitübergang im Bereich von 335 K (a) und ist im martensitischen Zustand bei einem äußeren Feld von 1 T in Sättigung (b). Das Magnetfeld wurde entlang der $[100]_A$-Achse angelegt.

von 333 K bis 340 K (Abb. 7.6 a). Außerdem ist die Schicht ferromagnetisch bei Raumtemperatur und zeigt eine Curie-Temperatur T_C von 367 K. Die geringe Martensitübergangstemperatur verringert den Heiz- und Kühlaufwand beim Durchgang thermischer Zyklen. Die bei Raumtemperatur aufgenommene magnetische Hysteresekurve in Abb. 7.6 b zeigt, dass ein äußeres Magnetfeld von 1 T genügt, um die Probe in der Schichtebene zu sättigen. Das mit der Trainingsanlage erreichbare Magnetfeld ist demnach ausreichend zur Sättigung der Probe. Die magnetischen Eigenschaften der anderen zum Training verwendeten Schichten sind vergleichbar.

Das Ablösen der ausgewählten Schichten erfolgte mittels eines relativ aggressiven Ätzmittels, sodass die Schichtoberfläche beschädigt wurde. Da REM-Aufnahmen an der Schichtoberfläche keine Zwillingsgrenzen zeigten, wurde nur die ehemalige Schichtrückseite angeschaut. Auf der Rückseite sind eindeutig feine Zwillingsgrenzen erkennbar (siehe Abb. 6.7 c). Auch hier sind vereinzelt Löcher und zusätzlich gehäuft Ätzrückstände zu sehen. Das thermische, thermo-mechanische und thermo-magneto-mechanische Training wurde ungeachtet der Schäden an diesen Schichten durchgeführt um herauszufinden, ob die Trainingszyklen einen Einfluss auf die Zwillingsstruktur ausüben.

7.2.4 Beobachtung des thermischen Formgedächtniseffekts

Die freistehende Schicht wurde zunächst mit einer zusätzlich angebrachten Masse von 1,5 g mehreren Temperaturzyklen unterzogen. Bei einer nominellen Schichtdicke von 5 µm entspricht dies einer aufgebrachten Zugspannung von ca. 0,35 MPa. Durch den Angriff des Ätzmittels wurde die Schichtdicke jedoch auf ca. 3 µm reduziert, wodurch die Zugspannung σ etwa 0,6 MPa beträgt. Auch bei reduzierter Schichtdicke liegt die von außen angebrachte Zugspannung unterhalb der Blockierspannung für die Zwillingsgrenzenbewegung [Mur00]. Der Temperaturbereich der martensitischen Umwandlung wurde Abb. 7.6 a entnommen. Die Minimaltemperatur lag dabei 5 K unterhalb der Martensit-End-Temperatur M_F, während der Maximalwert 10 K oberhalb der Austenit-End-Temperatur A_F lag. Dadurch wird eine annähernd vollständige Martensit-Austenit-Umwandlung gewährleistet. Durch das zusätzlich angebrachte Gewicht wird die freistehende Schicht auf Zug belastet. Außerdem wird ein Aufrollen der Schicht, das in Vorversuchen beobachtet wurde, verhindert. Anhand der aufgenommenen Bilder während des Temperaturzyklus kann die martensitische Umwandlung der freistehenden Schicht visuell verfolgt werden. Der austenitische Zustand ist dabei klar vom martensitischen Zustand unterscheidbar, was in Abb. 7.7 dargestellt ist. Der Temperaturbereich der martensitischen Umwandlung der freistehenden Schicht entspricht dem Martensitübergangsbereich der Schicht auf dem Substrat (Abb. 7.6 a). In Abb. 7.7 ist die gesamte Schicht vom Bereich der Einspannung bis zum Gewicht erkennbar. Bei einer Temperatur von ca. 90 °C befindet sich die Schicht im austenitischen Zustand, wobei die Schicht eine sehr glatte Oberfläche aufweist (Abb. 7.7 a). Sowohl im Bereich der Einspannung als auch nahe der Gewichtsbefestigung sind wellige Bereiche zu erkennen, die auf noch vorhandenen Martensit in der Schicht hinweisen könnten. Die Spannungen an den Einspannbereichen scheinen demnach die austenitische Umwandlung in diesen Probenbereichen zu verhindern. Auch ein zusätzliches Aufheizen auf 20 K oberhalb von A_F hat keinen Einfluss auf die Morphologie. Nach dem Abkühlen in den martensitischen Zustand bei 55 °C zeigt die Schicht eine stark wellige Oberfläche (Abb. 7.7 b). Diese Welligkeit wurde schon vor dem ersten Trainingszyklus beobachtet. Die Erhöhung des Freiheitsgrades durch das Ablösen der Schicht vom Substrat bewirkt, dass die Schicht sich in alle Richtungen ausdehnen kann [Bac10]. Auch das zusätzlich angebrachte Gewicht scheint nicht ausreichend zu sein, um die Schicht im martensitischen Zustand zu glätten bzw. einen Einvariantenzustand zu induzieren. Dennoch kann bereits nach dem ersten Temperaturzyklus eine Längenänderung der Schicht während der Umwandlung von Austenit in Martensit beobachtet werden. Die Dehnung der Schicht wurde über 25 Temperaturzyklen gemittelt und

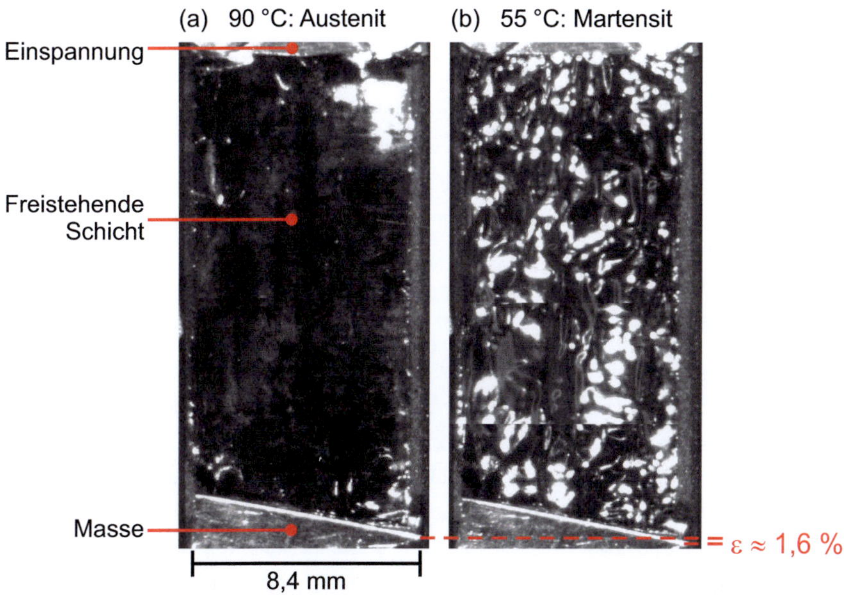

Abb. 7.7: Die martensitische Umwandlung der freistehenden Schicht wurde mithilfe der in der Trainingsanlage integrierten Kamera beobachtet. Der austenitische Zustand (a) zeichnet sich durch eine sehr glatte Oberfläche aus, während die Schicht im martensitischen Zustand eine ausgeprägte Welligkeit aufweist (b). Die Schicht dehnt sich während des martensitischen Übergangs um ca. 1,6 %, das zusätzlich angebrachte Gewicht scheint einen Teil der Varianten mit der langen $a_{14\mathrm{M}}$-Achse entlang der äußeren Spannung auszurichten.

beträgt trotz der beachtlichen Welligkeit der Schicht ca. 1,6 %. Die lange a_{14M}-Achse scheint entlang der Schichtlängsachse und demnach entlang der äußeren Zugrichtung ausgerichtet zu werden. Jedoch ist eine höhere Zugspannung nötig, um während der Umwandlung einen martensitischen Einvariantenzustand induzieren zu können.

7.2.5 Einfluss des Trainings auf die Schichtmorphologie

Die Schichtmorphologie der trainierten Schichten wurde im Rasterelektronenmikroskop mittels Rückstreuelektronendetektor untersucht. Drei Schichten wurden nach dem Ablösen jeweils 25 Zyklen verschiedener Trainingsmethoden unterzogen. Die Schichten wurden entweder thermisch, thermo-mechanisch oder thermo-magneto-mechanisch behandelt, aus der Apparatur ausgebaut. Anschließend wurden sowohl die Morphologie als auch die Struktur untersucht. Im folgenden Abschnitt wird der Einfluss der Trainingszyklen auf die Morphologie vorgestellt.

Ausgangszustand

Die abgelösten Schichten zeigen Typ X-Zwillingsgrenzen, die entweder parallel oder senkrecht zur Schichtlängsachse und damit zur Richtung der äußeren Zugspannung auftreten. Da es sich dabei um gleichwertige Orientierungen handelt, kann der Anteil der Zwillingsgrenzen parallel oder senkrecht zur äußeren Zugspannung nicht während des Schichtwachstums kontrolliert werden. REM-Aufnahmen der verschiedenen Zwillingsgrenzenorientierungen sind in Abb. 7.8 a bzw. 7.8 d dargestellt. Die Schemata in Abb. 7.8 b bzw. 7.8 e geben die zugehörigen Orientierungen der b_{14M}- und c_{14M}-Achsen im Ausgangszustand wieder. Bei Typ X liegt die mittlere b_{14M}-Achse immer in der Schichtebene, während a_{14M} und c_{14M} abwechselnd in bzw. senkrecht zur Schichtebene orientiert sind. Sind die Zwillingsgrenzen entlang der äußeren Zugspannung ausgerichtet (Abb. 7.8 c), gibt es keine Möglichkeit, die lange a_{14M}-Achse durch Bewegung von a_{14M}-c_{14M}-Zwillingsgrenzen entlang der Zugrichtung auszurichten. Da in diesem Fall der Schmid-Faktor $m = 0$ ist, werden diese Zwillingsgrenzen nicht durch die äußere Kraft bewegt. Die Orientierung der langen a_{14M}-Achse in Zugrichtung kann nur durch die Bildung neuer Varianten während des Temperaturzyklus erreicht werden. Wird die mechanische Zugspannung dagegen senkrecht zu den Zwillingsgrenzen angelegt, kann ein Einvariantenzustand erreicht werden, in dem die a_{14M}-c_{14M}-Zwillingsgrenzen so bewegt werden, dass die a_{14M}-Achse entlang der äußeren Zugrichtung ausgerichtet wird (Abb. 7.8 f). Dies setzt voraus, dass die mechanische Spannung die Zwillingsgrenzenspannung von Typ X-Zwillingsgrenzen übersteigt.

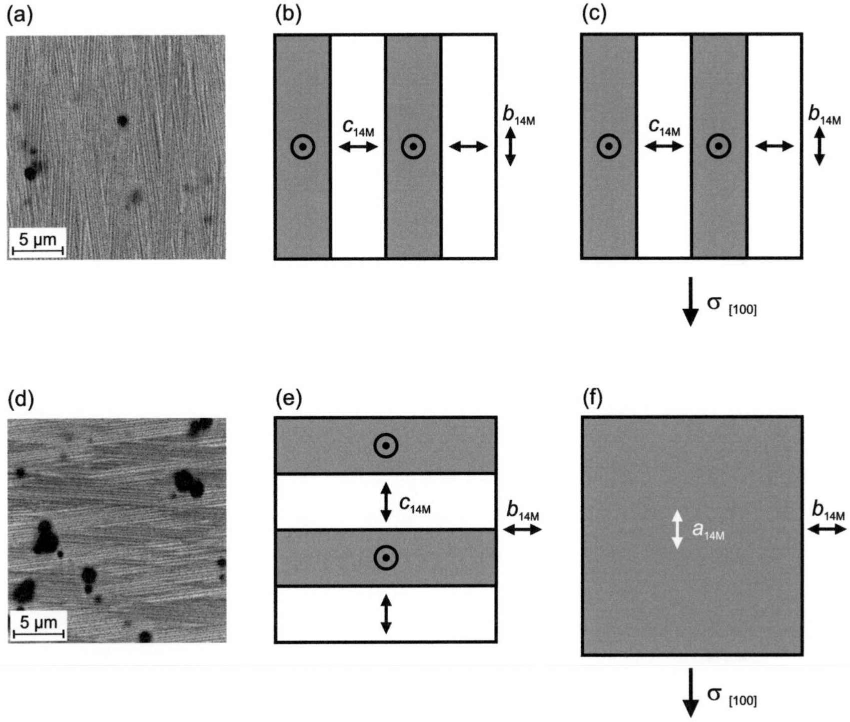

Abb. 7.8: Die REM Aufnahmen der abgelösten Schichten zeigen Typ X-Zwillingsgrenzen entlang (a) und senkrecht (d) zur Schichtlängsachse. Die dazugehörenden Orientierungen der 14M-Elementarzellen sind in (b) und (e) schematisch dargestellt. Die Teilbilder (c) und (f) zeigen die Auswirkungen einer mechanischen Zugspannung $\sigma_{[100]}$ entlang der Schichtlängsachse.

Thermo-mechanisches und thermo-magneto-mechanisches Training

Die Schichtmorphologien wurden jeweils vor und nach 25 Trainingszyklen untersucht und sind in Abb. 7.9 für das thermo-mechanische Training bzw. in Abb. 7.10 für das thermo-magneto-mechanische Training gegenübergestellt. Dabei wird der Einfluss des Trainings an den oberen und unteren Einspannstellen sowie in der Probenmitte getrennt betrachtet. Grund hierfür ist, dass die Einspannstellen inaktive Bereiche darstellen, in denen die Zwillingsgrenzenbewegung aufgrund hoher lokaler Spannungen behindert bzw. blockiert wird [Pin12]. Das Training sollte demnach im Bereich der Probenmitte deutlich größeren Einfluss auf die Schichteigenschaften ausüben als in den Bereichen der Einspannungen.
Die thermo-mechanisch behandelte Schicht zeigt vor den Trainingszyklen zwei verschiedene Orientierungen von Typ X-Zwillingsgrenzen (Abb. 7.9 a). Im Bereich der oberen Einspannung sind die Zwillingsgrenzen parallel zur Schichtlängsachse und damit entlang der Zugrichtung ausgerichtet. In der Schichtmitte dagegen sind Typ X-Zwillingsgrenzen vorherrschend, die senkrecht zur Zugrichtung ausgerichtet sind. Auch nach 25 thermo-mechanischen Trainingszyklen sind im Bereich der oberen Einspannung sowie in der Probenmitte verschieden orientierte Zwillingsgrenzen erkennbar (Abb. 7.9 b). Im Einspannungsbereich ist eine Vergröberung der ursprünglich vorhandenen Martensitvarianten zu beobachten. Einerseits kann das an der Nähe zur Einspannung und damit der Behinderung der Zwillingsgrenzenbewegung in diesem Bereich liegen [Pin12]. Andererseits bewirkt eine reine Zugspannung im Fall dieser Orientierung von Typ X-Zwillingsgrenzen nichts, da deren Schmid-Faktor $m = 0$ ist.
In der Probenmitte (Abb. 7.9 b) sind die Zwillingsgrenzen senkrecht zur Zugspannung ausgerichtet. Damit kann die lange $a_{14\mathrm{M}}$-Achse durch Bewegung von $a_{14\mathrm{M}}$-$c_{14\mathrm{M}}$-Zwillingsgrenzen entlang der Zugrichtung ausgerichtet werden. In diesem Bereich ist ein deutlicher Unterschied zwischen Ausgangszustand und thermo-mechanisch behandelter Schicht zu sehen. Vor dem Training (Abb. 7.9 a) zeigt die freistehende Schicht eine fein verzwillingte Struktur. Nach 25 thermo-mechanischen Trainingszyklen sind bis zu 30 µm-große helle und dunkle Bereiche erkennbar, die durch zur Zugrichtung senkrecht ausgerichtete Grenzen miteinander verbunden sind. Der starke hell-dunkel-Kontrast kann nur durch Verwendung des Rückstreuelektronendetektors sichtbar gemacht werden und weist demnach auf Unterschiede in der Orientierung der Varianten innerhalb der jeweiligen Bereiche hin. Bei starker Vergrößerung kann innerhalb der dunklen Bereiche ein zusätzlicher Kontrast sichtbar gemacht werden (Abb. 7.9 b). Hier sind schwache Linien zu erkennen, die senkrecht zur Zugrichtung verlaufen und den im Ausgangszustand beobachteten Zwillingsgrenzen

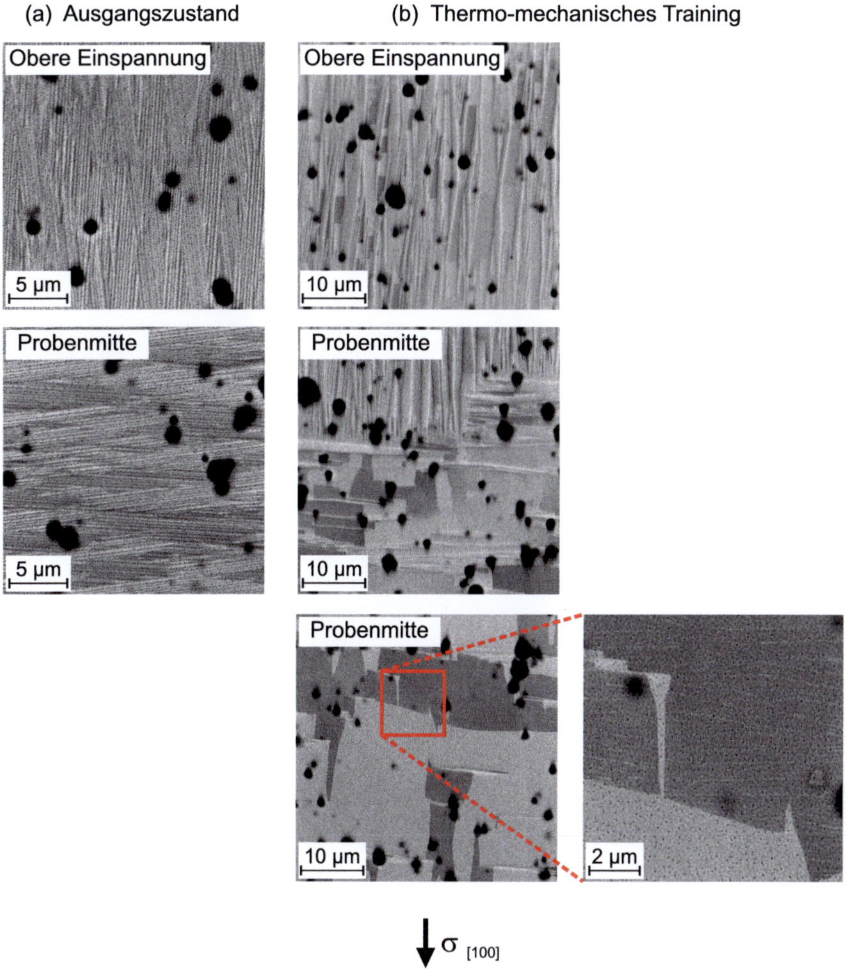

Abb. 7.9: Die REM-Aufnahmen zeigen die Schichtmorphologie einer freistehenden Schicht vor (a) und nach (b) 25 thermo-mechanischen Trainingszyklen. Die Schicht zeigt im Ausgangszustand verschieden orientierte Zwillingsgrenzen im Bereich der oberen Einspannung und in der Probenmitte (a). Auch nach dem Training (b) sind die verschieden orientierten Zwillingsgrenzen erkennbar. Im Bereich der oberen Einspannung ist eine schwache, in der Probenmitte eine starke Vergröberung der bereits vorhandenen Martensitvarianten zu beobachten. Der hell-dunkel-Kontrast im Bereich der Probenmitte (b) lässt auf verschiedene Orientierungen der Martensitvarianten schließen. Bei stärkerer Vergrößerung (b) ist im dunklen Bereich ein zusätzlicher Kontrast erkennbar, der parallel zu den Zwillingsgrenzen im Ausgangszustand verläuft.

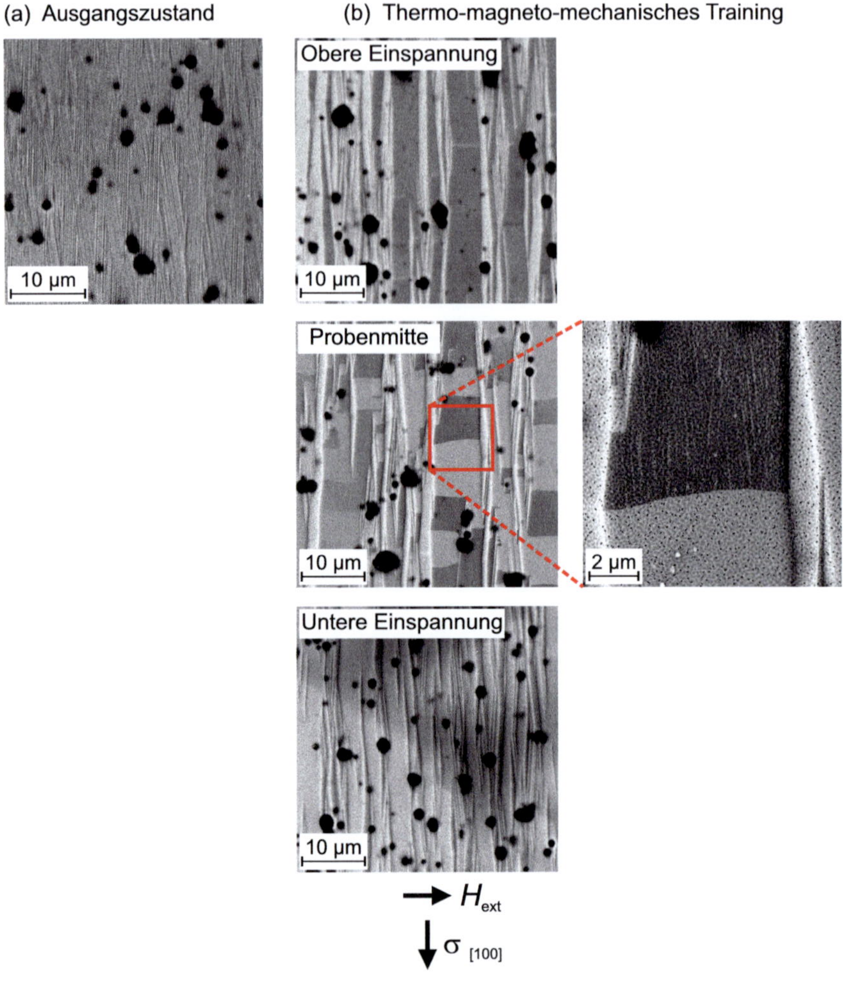

Abb. 7.10: Die REM-Aufnahmen zeigen die Schichtmorphologie vor (a) und nach (b) 25 thermo-magneto-mechanischen Trainingszyklen. Vor dem Training (a) sind die Typ X-Zwillingsgrenzen hauptsächlich parallel zur Zugrichtung ausgerichtet. Im Bereich der oberen und unteren Einspannungen ist lediglich eine Vergröberung der Martensitvarianten zu beobachten. In der Probenmitte sind neue Bereiche mit hell-dunkel-Kontrast erkennbar, deren Grenzen senkrecht zu den ursprünglich vorhandenen Zwillingsgrenzen ausgerichtet sind. Bei stärkerer Vergrößerung kann in den dunklen Bereichen ein schwacher zusätzlicher Kontrast beobachtet werden, der der ursprünglichen Orientierung der Zwillingsgrenzen vor dem Training ähnelt.

ähneln. Im Gegensatz dazu ist in den hellen Bereichen kein zusätzlicher Kontrast erkennbar. Die Beobachtungen lassen darauf schließen, dass die mechanische Zugspannung von 0,6 MPa eine teilweise Orientierung der 14M-Elementarzellen während der martensitischen Umwandlung bewirkt. Die lange a_{14M}-Achse scheint demnach entlang der Zugrichtung ausgerichtet zu werden. Da die mittellange b_{14M}-Achse im Fall von Typ X-Zwillingsgrenzen in der Schichtebene liegt, sollte demnach die kurze c_{14M}-Achse senkrecht zur Schichtebene ausgerichtet sein.

Die abgelöste Schicht, die einer thermo-magneto-mechanischen Behandlung unterzogen wurde, zeigt größtenteils Typ X-Zwillingsgrenzen, die parallel zur Zugspannung $\sigma_{[100]}$ ausgerichtet sind und somit aufgrund des Schmid-Faktors von $m \approx 0$ nicht durch die mechanische Spannung bewegt werden können (Abb. 7.10 a). Die mechanische Spannung kann jedoch zur definierten Ausrichtung der 14M-Elementarzelle während der martensitischen Umwandlung dienen, wobei a_{14M} entlang der Zugspannung $\sigma_{[100]}$ ausgerichtet werden soll. Zusätzlich soll das in der Schichtebene und senkrecht zur Zugspannung angelegte Magnetfeld von 0,98 T zur Ausrichtung der kurzen, magnetisch leichten c_{14M}-Achse dienen. Die REM-Aufnahmen in Abb. 7.10 b zeigen auch nach dem thermo-magneto-mechanischen Training lediglich eine Vergröberung der ursprünglich beobachteten Martensitvarianten im Bereich der oberen bzw. unteren Einspannung.

Im Bereich der Probenmitte sind zusätzliche Veränderungen der Morphologie feststellbar. Zwischen vergröberten Bereichen mit der ursprünglichen Zwillingsgrenzenorientierung sind neu gebildete Varianten zu beobachten. Diese neuen Varianten sind bis zu 10 µm groß und zeigen ähnlich zur thermo-mechanisch behandelten Schicht (Abb. 7.9 b) einen starken hell-dunkel Kontrast. Die Grenze zwischen zwei dieser neu gebildeten Bereiche ist senkrecht zur Zugrichtung und damit auch senkrecht zur ursprünglichen Orientierung der Zwillingsgrenzen ausgerichtet (Abb. 7.10 b). In den dunklen Bereichen sind noch schwach die Orientierungen der im Ausgangszustand vorherrschenden Zwillingsgrenzen erkennbar, während der helle Bereich auch hier keinen weiteren Kontrast aufweist. Auch das thermo-magneto-mechanische Training scheint eine Begünstigung von Varianten mit $a_{14M} \parallel \sigma_{[100]}$ zu bewirken. Die Orientierung der neu gebildeten Grenzen zwischen hellen und dunklen Bereichen lässt darauf schließen, dass hier b_{14M} in der Schichtebene liegt und damit c_{14M} senkrecht zur Schichtebene und auch senkrecht zum äußeren Feld ausgerichtet ist. Das äußere Feld scheint demnach kaum Einfluss auf die Orientierung der 14M-Elementarzellen während der martensitischen Umwandlung auszuüben.

Die Untersuchung der Morphologie einer nur thermisch behandelten Schicht mit Typ X-Zwillingsgrenzen entlang der Schichtlängsachse weist eine ähnliche Oberflächenmorphologie wie die thermo-magneto-mechanisch behandelte Schicht auf (hier nicht dargestellt). Demnach scheint bereits das Eigengewicht der Schicht in Kombination mit den thermischen Zyklen durch die Martensitumwandlung ausreichend, um eine Umorientierung der martensitischen Varianten bzw. die Nukleation definiert ausgerichteter Keime während der martensitischen Umwandlung zu erreichen.

7.2.6 Einfluss des Trainings auf die Orientierung der Martensitvarianten

Die Röntgendiffraktogramme der abgelösten und trainierten Schichten wurden über alle Kippwinkel von 1° bis 10° gemessen. Abbildung 7.11 zeigt die aufsummierten Diffraktogramme für eine abgelöste, untrainierte Schicht und für Schichten nach verschiedenen Trainingszyklen. Berechnungen der Röntgendaten, die in Kap. 4 beschrieben sind, haben ergeben, dass die grau hinterlegten Reflexe fundamentalen Reflexen des modulierten 14M-Martensits zugeordnet werden können. Der 004_{14M}-Reflex ist hier mit ① und der 400_{14M}-Reflex mit ② gekennzeichnet. Es ist auffällig, dass die abgelöste Schicht einen 400_{14M}-Reflex mit hoher Intensität aufweist (Abb. 7.11). Durch das Training wird dessen Intensität stark verringert. Auch die Intensität des 004_{14M}-Reflexes ist nach den verschiedenen Trainingszyklen im Vergleich zum untrainierten Zustand leicht verringert.
Das Verhältnis des 040_{14M}- zum 400_{14M}-Reflex kann als Maß für den Einfluss des Trainings verwendet werden. Die integrierten Flächen der mit ① bzw. ② bezeichneten Reflexe wurden aus diesem Grund zueinander ins Verhältnis gesetzt. Die ermittelten Flächenverhältnisse A_1/A_2 sind in Tab. 7.1 für die abgelöste Schicht sowie die thermisch, thermo-mechanisch und thermo-magneto-mechanisch behandelte Schichten aufgelistet. Im abgelösten Zustand beträgt das Verhältnis ca. 2,3. Der Anteil der Martensitvarianten mit der leichten c_{14M}-Achse senkrecht zur Schichtebene ist demnach etwa doppelt so groß wie der Anteil der Varianten mit der schweren a_{14M}-Achse in dieser Orientierung. Durch die verschiedenen Trainingszyklen wird das Verhältnis nahezu verfünffacht. Der Anteil der Varianten mit c_{14M} senkrecht zur Schichtebene steigt stark an. Dies kann mit der Ausrichtung der langen a_{14M}-Achse entlang der äußeren Zugspannung erklärt werden. Da die mittlere b_{14M}-Achse im Fall von Typ X-Zwillingsgrenzen immer in der Schichtebene liegt, wird damit c_{14M} während des Trainings senkrecht zur Schichtebene ausgerichtet. Dies wird schon durch einfache thermische Zyklen ohne Befestigung eines zusätzlichen Gewichts bewirkt. Das zu-

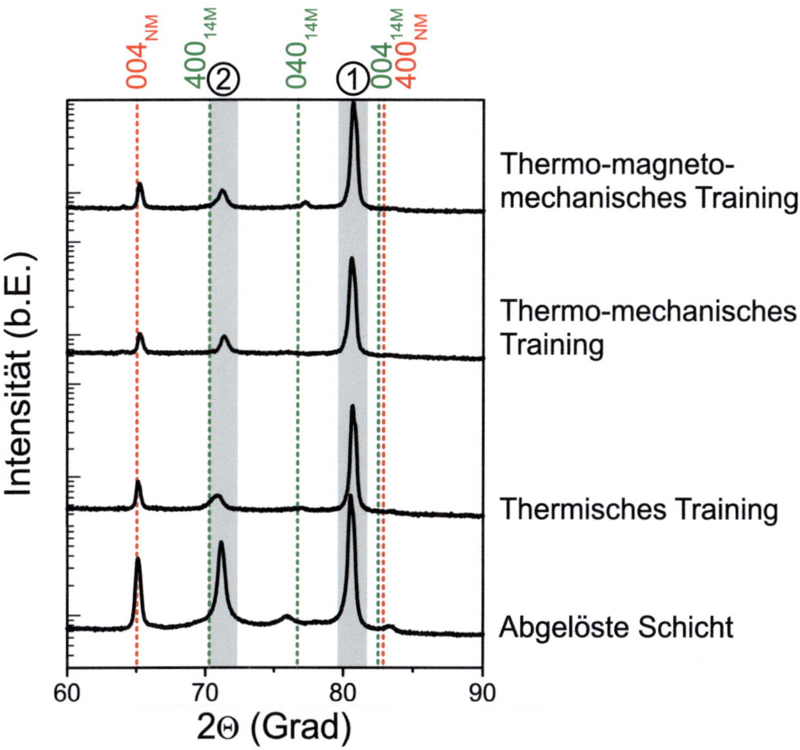

Abb. 7.11: Die aufsummierten Röntgendiffraktogramme einer abgelösten, einer thermisch, einer thermo-mechanisch und einer thermo-magneto-mechanisch behandelten Schicht zeigen, dass das Training Einfluss auf die Orientierung der martensitischen Varianten hat. Die eingezeichneten Literaturwerte stammen von Pons *et al.* [Pon00]. Die grau hinterlegten Reflexe können laut Berechnungen fundamentalen 14M-Martensit-Reflexen zugeordnet werden. Der 004_{14M}-Reflex ist mit ① und der 400_{14M}-Reflex mit ② gekennzeichnet.

Tab. 7.1: Das Flächenverhältnis des integrierten 004_{14M}-Reflexes (A_1) zum 400_{14M}-Reflex (A_2) (entnommen aus Abb. 7.11) zeigt, dass der Anteil von Varianten, deren c_{14M}-Achse senkrecht zur Schichtebene ausgerichtet ist, durch das Training erhöht wird.

Trainingsart	A_1/A_2
Kein Training	2,3
Thermisch	9,6
Thermo-mechanisch	9,8
Thermo-magneto-mechanisch	11,6

sätzliche Gewicht beim thermo-mechanischen Training bzw. das zusätzliche Magnetfeld beim thermo-magneto-mechanischen Training tragen nur zu einer geringen weiteren Erhöhung des *out-of-plane* c_{14M}-Achsen-Anteils bei (Tab. 7.1). Das Eigengewicht der Schicht scheint demnach ausreichend, um die lange a_{14M}-Achse in der Schichtebene und entlang der Schichtlängsachse auszurichten.

7.2.7 Diskussion der Trainingsergebnisse

Die in diesem Kapitel präsentierten Ergebnisse zeigen, dass die Trainingszyklen Auswirkungen auf die Morphologie und die Orientierung von 14M-Varianten in freistehenden Schichten haben. Dies konnte anhand von REM-Aufnahmen und Strukturuntersuchungen mittels Röntgendiffraktometrie beobachtet werden. Bereits thermische Zyklen durch die martensitische Umwandlung bewirken eine Umorientierung von Martensitvarianten. Der Anteil von Varianten mit c_{14M} senkrecht zur Schichtebene nimmt nach thermischer Behandlung der Schicht stark zu, der Anteil wird im Vergleich zur abgelösten, untrainierten Schicht annähernd verfünffacht. Demnach scheint das Eigengewicht der Schicht zu genügen, um Varianten mit der langen a_{14M}-Achse während der Umwandlung entlang der Zugrichtung auszurichten. Das Anbringen eines zusätzliches Gewichts und das Anlegen eines äußeren Magnetfeldes führen zu einer weiteren, schwachen Erhöhung dieses *out-of-plane* Anteiles von c_{14M}-Varianten. Die ursprüngliche Zwillingsgrenzenkonfiguration ist nach 25 thermischen, thermo-mechanischen bzw. thermo-magneto-mechanischen Zyklen noch erkennbar, obwohl die Schicht bei jedem Zyklus vollständig in den Austenit umgewandelt wird. Die Trainingszyklen führen jedoch zu einer Vergröberung der bestehenden Varianten und zumindest bei thermo-mechanischer und thermo-magneto-mechanischer Behandlung zur Nukleation neuer Varianten mit definierter Ausrichtung der Elementarzellen. Dabei werden Varianten mit der langen a_{14M}-Achse in Zugrichtung begünstigt.

Die Vergröberung von bereits bestehenden Varianten kann nur durch Bewegung von bereits bestehenden Zwillingsgrenzen erreicht werden, wenn die Zugkraft senkrecht zu den Zwillingsgrenzen ausgerichtet ist. Bei paralleler Anordnung von Zugrichtung und Zwillingsgrenze wirkt keine äußere Kraft auf die Zwillingsgrenze. Außerdem spricht die vollständige Umwandlung von Martensit in Austenit während jedes Trainingszyklus gegen eine Bewegung von bereits bestehenden Zwillingsgrenzen. Die ursprüngliche Zwillingskonfiguration wurde durch die harten Randbedingungen auf dem Substrat festgelegt, wobei die Zwillingsgrenzenperiodizität abhängig von der Schichtdicke ist (siehe Kapitel 5). Da die freistehenden Schichten dieser harten Randbedingung nicht mehr unterliegen, kann schon eine einmalige und vollständige martensitische Umwandlung zur Variantenvergröberung beitragen.
Auffällig ist jedoch, dass die Zwillingsgrenzen auch nach einer Vielzahl von Trainingszyklen mit vollständiger Austenit-Martensit-Umwandlung eine ähnliche Orientierung wie im Ausgangszustand aufweisen. Einen Grund hierfür könnte die durch den Ätzangriff beschädigte Schichtoberfläche darstellen. Vorherige Untersuchungen haben gezeigt, dass die beobachteten Zwillingsgrenzen durch den gesamten Schichtquerschnitt verlaufen. Diese Zwillingsgrenzen könnten demnach an der angegriffenen Oberfläche festgehalten werden, da die durch den Ätzangriff entstandenen Defekte Pinningzentren für bestehende Zwillingsgrenzen darstellen. Chmielus *et al.* [Chm11] zeigten, dass sich die Oberflächenmorphologie maßgeblich auf die Zwillingsgrenzenspannung und die Zwillingsstruktur von einkristallinem Massivmaterial auswirkt. Je höher die Defektdichte an der Oberfläche ist, desto höher ist die Zwillingsgrenzenspannung und desto feiner sind die Martensitvarianten. Nur durch Abtragen der gestörten Schicht konnte die Zwillingsgrenzenspannung verringert und die Zwillingsstruktur vergröbert werden [Chm11]. Die Erhöhung der Zwillingsgrenzenspannung durch die gestörte Oberfläche könnte auch ein Grund dafür sein, dass sowohl das äußere Gewicht und die damit aufgebrachte Zugspannung als auch das zusätzliche äußere Magnetfeld nur geringe Auswirkungen auf die Variantenauswahl nach dem Training haben (siehe Abb. 7.11 und Tab. 7.1). Die Zugspannung liegt bei durchschnittlich 0,6 MPa, kann jedoch aufgrund der ungleichmäßigen Schichtdicke lokal stark von diesem Wert abweichen. Dieser inhomogene Spannungszustand herrscht auch an den oberen und unteren Einspannstellen vor, da die Schicht im welligen, martensitischen Zustand eingespannt wurde. Die lokal erhöhten Spannungen können zur Bildung eines spannungsinduzierten Martensits führen und außerdem Defekte in der Schicht darstellen, die zur „Speicherung" der vorherrschenden Zwillingsstruktur beitragen.

Das in der Schichtebene angelegte Magnetfeld von 0,98 T sollte die eindeutige Ausrichtung der magnetisch leichten c_{14M}-Achse in der Schichtebene bewirken. Nach Thomas *et al.* [Tho09] wird die Ausrichtung der magnetisch leichten c_{14M}-Achse in der Schichtebene begünstigt. Als Ursache identifizieren sie die Verminderung des die Schicht umgebenden Streufeldes, die möglich wird, wenn der magnetische Fluss in der Probe geschlossen werden kann. Die im Rahmen dieser Arbeit durchgeführten Trainingszyklen führten jedoch zu einer Ausrichtung der magnetisch leichten c_{14M}-Achse senkrecht zur Schichtebene. Hier scheint das magnetische Streufeld nur eine untergeordnete Rolle zu spielen. Grund hierfür könnte der inhomogene Spannungszustand in der Schicht sein. Sobald die Zwillingsgrenzenspannung den maximalen Wert von ca. 2 MPa überschreitet, kann die Zwillingsgrenze nicht durch ein äußeres Magnetfeld bewegt werden. Außerdem scheint in diesem Fall das durch die defekte Oberfläche induzierte Spannungsfeld zu überwiegen und trägt damit maßgeblich zur Ausrichtung der 14M Elementarzelle bei.
Die im Rahmen dieser Arbeit durchgeführten Trainingszyklen an freistehenden Ni-Mn-Ga-Schichten zeigen erste Veränderungen in den Schichteigenschaften. Um die Auswirkungen des Schichttrainings zu maximieren, sollte die Verbesserung des Schichtablösens im Vordergrund stehen. Der Prozess ist prinzipiell beherrschbar, was bereits in Kapitel 6.3 ausführlich diskutiert wurde. Dabei spielt die Verringerung der Anzahl von Oberflächendefekten eine herausragende Rolle. Die Effektivität der Trainingsprozeduren hängt neben der Qualität der Schichtoberfläche auch von der Orientierung der Typ X-Zwillingsgrenzen ab. Die Untersuchungen haben gezeigt, dass Typ X-Zwillingsgrenzen für ein effektives Training senkrecht zur Zugrichtung ausgerichtet sein müssen. Nur diese Orientierung erlaubt die Umorientierung von Martensitvarianten durch Bewegung von a_{14M}-c_{14M}-Zwillingsgrenzen. Demgegenüber stehen Zwillingsgrenzen, die entlang der Zugspannung ausgerichtet sind und auf die damit keinerlei äußere Kraft wirkt. Die Zwillingsgrenzenorientierungen sind jedoch energetisch gleichwertig, sie entstehen bei der Abkühlung der austenitischen Schicht nach der Schichtpräparation und können nicht durch den Abscheideprozess kontrolliert werden. Die Ausrichtung der Martensitvarianten kann demnach nur nach Schichtablösung in einem ersten Trainingsschritt erfolgen. Dabei hat sich gezeigt, dass die angelegte Zugspannung von 0,6 MPa nicht ausreichend ist zur vollständigen Ausrichtung der 14M-Elementarzelle. Eine Erhöhung der Zugspannung auf einen Wert von ca. 1 -1,5 MPa wäre von Interesse, da so die Ausrichtung der langen a_{14M}-Achse in Zugrichtung stärker bevorteilt werden würde, wodurch ein Einvariantenzustand möglich ist. Außerdem liegt eine äußere Zugspannung von 1 MPa noch unter der mit einem Magnetfeld überwindbaren Spannung. Dadurch kann

auch der Einfluss eines zusätzlichen äußeren Magnetfeldes auf die Variantenauswahl besser herausgearbeitet werden. Bei erfolgreichem Training der freistehenden Schichten kann die Trainingsanlage genutzt werden, um magnetfeldinduzierte Zwillingsgrenzenbewegung und die damit verbundene Schichtausdehnung von ca. 10 % zu beobachten.

8 Zusammenfassung

Die Anwendung von Ni-Mn-Ga als aktives Element in Mikroaktoren bzw. Mikrosensoren erfordert die Übertragung des an Einkristallen gewonnenen Wissens auf dünne Ni-Mn-Ga-Schichten. Das Ziel der vorliegenden Arbeit war die Herstellung und Charakterisierung dünner Ni-Mn-Ga-Schichten. Um möglichst nah an die maximale Dehnung von ca. 10 % heranzukommen, wurden die Schichten gezielt hinsichtlich ihrer Struktur und Zwillingsgrenzenkonfiguration ausgewählt. Dazu wurde die Schichtmorphologie mittels Rasterelektronen- und Rasterkraftmikroskopie, die Struktur mittels Röntgendiffraktometrie und Transmissionselektronenmikroskopie und die magnetischen Eigenschaften mittels Vibrationsprobenmagnetometriemessungen untersucht. Die ausgewählten Schichten wurden vom Substrat gelöst und verschiedenen Trainingszyklen unterzogen.

Im ersten Teil der Arbeit stehen epitaktische Schichten im Vordergrund, die unabhängig von Schichtdicke, Zusammensetzung bzw. anderen Herstellungsparametern zwei verschiedene Typen von Zwillingsgrenzen zeigen. Die Zwillingsgrenzen unterscheiden sich sowohl hinsichtlich der Spuren auf der Schichtoberfläche als auch im Verlauf durch den Querschnitt und werden als Typ X bzw. Typ Y-Zwillingsgrenzen bezeichnet. Eine umfangreiche Strukturanalyse hat ergeben, dass es sich sowohl bei Typ X als auch bei Typ Y um a_{14M}-c_{14M}-Zwillingsgrenzen handelt, die verschieden orientierte 14M-Elementarzellen verbinden. Im Fall von Typ X liegt dabei die b_{14M}-Achse in der Schichtebene, a_{14M} und c_{14M} sind abwechselnd in und senkrecht zur Schichtebene orientiert. Bei Typ Y ist b_{14M} senkrecht zur Schichtebene ausgerichtet, daraus ergibt sich, dass a_{14M} und c_{14M} stets in der Schichtebene liegen. Die beobachteten a_{14M}-c_{14M}-Zwillingsgrenzen vom Typ X und Typ Y unterscheiden sich stark von den scharfen NM-Nanozwillingsgrenzen, die periodisch in der 14M-Struktur angeordnet sind. Eine Abschätzung der Zwillingsgrenzenenergie γ_{II} dieser mesoskopischen 14M-Zwillingsgrenzen konnte im Rahmen dieser Arbeit erstmals durchgeführt werden. Unter Nutzung der Schichtdickenabhängigkeit der Zwillingsperiodizität von Typ X-Zwillingsgrenzen konnte gezeigt werden, dass γ_{II} die Zwillingsgrenzenenergie der ersten Generation γ_{I} um etwa zwei Größenordnungen übersteigt.

Art und Anteil der verschiedenen auftretenden Zwillingsgrenzentypen konnten nicht durch herkömmliche Herstellungsparameter wie z. B. Temperatur oder Zusammensetzung kontrolliert werden. Deshalb treten in der Vielzahl der untersuchten Schichten beide Zwillingsgrenzentypen mit variierendem Anteil nebeneinander auf. Die Schnittbereiche zwischen Typ X und Typ Y-Zwillingsgrenzen stellen inkompatible Variantengrenzen dar, die die Zwillingsgrenzenbewegung behindern. Die Zahl von Variantengrenzen nimmt mit steigendem Anteil an Typ Y-Zwillingsgrenzen deutlich zu, wodurch die Zwillingsgrenzen stärker gepinnt werden. Aus diesem Grund wurden die weiteren Untersuchungen an Schichten durchgeführt, die hauptsächlich Typ X-Zwillingsgrenzen aufweisen.
Die magnetfeldinduzierte Umorientierung von Varianten durch Zwillingsgrenzenbewegung ist in Schichten auf dem Substrat blockiert. Somit müssen die Schichten vom Substrat gelöst werden. Aus diesem Grund wird im zweiten Teil der Arbeit die Opferschichtmethode mit Cr als Opfermaterial vorgestellt, die zum Ablösen der Schichten genutzt wurde. Dabei wird die Ni-Mn-Ga-Schicht auf einer epitaktischen Cr-Opferschicht abgeschieden, die anschließend nasschemisch entfernt wird. Im Rahmen dieser Arbeit konnte durch Untersuchung von Morphologie, Struktur und magnetischen Eigenschaften gezeigt werden, dass die Ni-Mn-Ga-Schicht bei Wahl geeigneter Ätzparameter nicht angegriffen wird. Jedoch hat sich gezeigt, dass das Ätzverfahren sensibel auf Schwankungen in den Ätzparametern reagiert und damit ein Angriff der Schichtoberfläche nicht vollständig ausgeschlossen werden kann. Dennoch scheinen Struktur bzw. Zwillingsgrenzenkonfiguration nicht vom Ätzangriff der Schichtoberfläche beeinflusst zu werden.
Im dritten Teil stehen die mechanischen Eigenschaften von freistehenden Ni-Mn-Ga-Schichten und deren Beeinflussung durch gezielte Trainingszyklen im Vordergrund. In Zusammenarbeit mit dem Karlsruher Institut für Technologie (KIT) wurden im Rahmen dieser Arbeit die ersten Spannungs-Dehnungs-Messungen an freistehenden Schichten durchgeführt, wobei die freistehenden Schichten auf Zug belastet wurden. Diese zeigen sowohl eine hohe Zwillingsgrenzenspannung als auch eine hohe remanente Dehnung, die auf eine spannungsinduzierte Umwandlung von 14M in NM hinweisen. Zur Verbesserung der mechanischen Eigenschaften bzw. der gezielten Einstellung einer definierten Zwillingsgrenzenkonfiguration wurden im Rahmen dieser Arbeit die ersten Versuche zum Training von freistehenden Ni-Mn-Ga-Schichten durchgeführt. Die dafür in Zusammenarbeit mit Sandra Kauffmann-Weiß und der Forschungstechnik des IFW Dresden konzipierte Trainingsanlage ermöglicht die Durchführung von thermischem, thermo-mechanischem und thermo-magneto-mechanischem Training. Bei der Umwandlung von Austenit zu Martensit

konnte aufgrund des thermischen Formgedächtniseffektes eine Dehnung von ca. 1,6 % beobachtet werden. Die durchgeführten Zyklen von thermischem, thermo-mechanischem und thermo-magneto-mechanischem Training zielten auf eine Orientierung der Martensitvarianten während der Austenit-Martensit-Umwandlung ab. Die Untersuchungen haben gezeigt, dass die Ausrichtung der Zwillingsvarianten bereits durch 25 thermische Zyklen beeinflusst werden kann. Die Strukturuntersuchung ergab, dass der Anteil von Varianten, deren kurze c_{14M}-Achse senkrecht zur Schichtebene ausgerichtet ist, infolge aller drei untersuchten Trainingsmethoden ansteigt. Die lange a_{14M}-Achse scheint schon durch das Eigengewicht der Schicht entlang der Schichtlängsachse ausgerichtet zu werden.
Die Herstellung, Charakterisierung und nachträgliche Behandlung von freistehenden Ni-Mn-Ga-Schichten stellen einen wichtigen Schritt zur Anwendbarkeit dieser Materialklasse in Mikrosystemen dar. Die ersten Trainingsergebnisse zeigen, dass die Zwillingsgrenzenkonfiguration in freistehenden Schichten nachträglich beeinflusst werden kann. Die weiterführenden Arbeiten sollten sich neben der gezielten Orientierung der Martensitvarianten während der martensitischen Umwandlung auf die Verbesserung der Zwillingsgrenzenbewegung konzentrieren, um so die große magnetfeldinduzierte Dehnung in Ni-Mn-Ga-Schichten vollständig ausnutzen zu können.

Literaturverzeichnis

[Aal10a] I. Aaltio, O. Söderberg, Y. L. Ge und S. P. Hannula. Twin boundary nucleation and motion in Ni-Mn-Ga magnetic shape memory material with a low twinning stress. *Scripta Materialia* **62**, 9 (2010)

[Aal10b] I. Aaltio, A. Soroka, Y. Ge, O. Söderberg und S. P. Hannula. High-cycle fatigue of 10M Ni-Mn-Ga magnetic shape memory alloy in reversed mechanical loading. *Smart Materials & Structures* **19**, 075014 (2010)

[Bac10] A. Backen, S. R. Yeduru, M. Kohl, S. Baunack, A. Diestel, B. Holzapfel, L. Schultz und S. Fähler. Comparing properties of substrate-constrained and freestanding epitaxial Ni-Mn-Ga films. *Acta Materialia* **58**, 3415 (2010)

[Bec10] C. Bechtold, J. Buschbeck, A. Lotnyk, B. Erkartal, S. Hamann, C. Zamponi, L. Schultz, A. Ludwig, L. Kienle, S. Fähler und E. Quandt. Artificial single variant martensite in freestanding $Fe_{70}Pd_{30}$ films obtained by coherent epitaxial growth. *Advanced Materials* **22**, 2668 (2010)

[Ber09] F. Bernard, P. Delobelle, C. Rousselot und L. Hirsinger. Microstructural, mechanical and magnetic properties of shape memory alloy $Ni_{55}Mn_{23}Ga_{22}$ thin films deposited by radio-frequency magnetron sputtering. *Thin Solid Films* **518**, 399 (2009)

[Bha03] K. Bhattacharya. *Microstructure of Martensite.* Oxford University Press (2003)

[Bir06] M. Birkholz, P. F. Fewster und C. Genzel. *Thin Film Analysis by X-Ray Scattering.* Wiley-VCH Verlag, Weinheim (2006)

[Bue63] W. J. Buehler, R. C. Wiley und J. V. Gilfrich. Effect of low-temperature phase changes on mechanical properties of alloys near composition TiNi. *Journal of Applied Physics* **34**, 1475 (1963)

[Bus09] J. Buschbeck, R. Niemann, O. Heczko, M. Thomas, L. Schultz und S. Fähler. In situ studies of the martensitic transformation in epitaxial Ni-Mn-Ga films. *Acta Materialia* **57**, 2516 (2009)

[Cas03] F. J. Castano, B. Nelson-Cheeseman, R. C. O'Handley, C. A. Ross, C. Redondo und F. Castano. Structure and thermomagnetic properties of polycrystalline Ni-Mn-Ga thin films. *Journal of Applied Physics* **93**, 8492 (2003)

[Cha51] L. C. Chang und T. A. Read. Plastic deformation and diffusionless phase changes in metals - the Gold-Cadmium beta-phase. *Transactions of the American Institute of Mining and Metallurgical Engineers* **191**, 47 (1951)

[Che99] V. A. Chernenko. Compositional instability of β-phase in Ni-Mn-Ga alloys. *Scripta Materialia* **40**, 523 (1999)

[Che02] V. A. Chernenko, V. L'vov, E. Cesari, J. Pons, R. Portier und S. Zagorodnyuk. New aspects of structural and magnetic behaviour of martensites in Ni-Mn-Ga alloys. *Materials Transactions* **43**, 856 (2002)

[Che03] V. A. Chernenko, V. L'vov, J. Pons und E. Cesari. Superelasticity in high-temperature Ni-Mn-Ga alloys. *Journal of Applied Physics* **93**, 2394 (2003)

[Che05] V. A. Chernenko, J. Pons, E. Cesari und K. Ishikawa. Stress-temperature phase diagram of a ferromagnetic Ni-Mn-Ga shape memory alloy. *Acta Materialia* **53**, 5071 (2005)

[Chm09] M. Chmielus, X. X. Zhang, C. Witherspoon, D. C. Dunand und P. Müllner. Giant magnetic-field-induced strains in polycrystalline Ni-Mn-Ga foams. *Nature Materials* **8**, 863 (2009)

[Chm11] M. Chmielus, C. Witherspoon, K. Ullakko, P. Müllner und R. Schneider. Effects of surface damage on twinning stress and the stability of twin microstructures of magnetic shape memory alloys. *Acta Materialia* **59**, 2948 (2011)

[Die11] A. Diestel, A. Backen, U. K. Rößler, L. Schultz und S. Fähler. Twin boundary energy of hierarchically twinned magnetic shape memory alloys. *Applied Physics Letters* **99**, 092512 (2011)

[Don99] J. W. Dong, L. C. Chen, C. J. Palmstrom, R. D. James und S. McKernan. Molecular beam epitaxy growth of ferromagnetic single crystal (001) Ni_2MnGa on (001) GaAs. *Applied Physics Letters* **75**, 1443 (1999)

[Don04] J. W. Dong, J. Q. Xie, J. Lu, C. Adelmann, C. J. Palmstrom, J. Cui, Q. Pan, T. W. Shield, R. D. James und S. McKernan. Shape memory and ferromagnetic shape memory effects in single-crystal Ni_2MnGa thin films. *Journal of Applied Physics* **95**, 2593 (2004)

[Edl10] T. Edler und S. G. Mayr. Film lift-off from MgO: Freestanding single crystalline Fe-Pd films suitable for magnetic shape memory actuation - and beyond. *Advanced Materials* **22**, 4969 (2010)

[Eic10] T. Eichhorn und G. Jakob. Structural and magnetic properties of epitaxial Ni_2MnGa thin films. *Material Science Forum* **635**, 155 (2010)

[Eic11] T. Eichhorn, R. Hausmanns und G. Jakob. Microstructure of freestanding single-crystalline Ni_2MnGa thin films. *Acta Materialia* **59**, 5067 (2011)

[Fre87] H. Frey und G. Kienel (Eds.). *Dünnschichttechnologie.* VDI Verlag (1987)

[Gai07] U. Gaitzsch, M. Pötschke, S. Roth, B. Rellinghaus und L. Schultz. Mechanical training of polycrystalline 7M $Ni_{50}Mn_{30}Ga_{20}$ magnetic shape memory alloys. *Scripta Materialia* **57**, 493 (2007)

[Gai09] U. Gaitzsch, M. Pötschke, S. Roth, B. Rellinghaus und L. Schultz. A 1 % magnetostrain in polycrystalline 5M Ni-Mn-Ga. *Acta Materialia* **57**, 365 (2009)

[Gai12] U. Gaitzsch, J. Drache, K. McDonald, P. Müllner und P. Lindquist. Obtaining of Ni-Mn-Ga magnetic shape memory alloy by annealing electrochemically deposited Ga/Mn/Ni layers. *Thin Solid Films* **522**, 171 (2012)

[Gla02] N. Glavatska, G. Mogylny, I. Glavatskiy und V. Gavriljuk. Temperature stability of martensite and magnetic field induced strain in Ni-Mn-Ga. *Scripta Materialia* **46**, 605 (2002)

[Gol09] V. Golub, K. M. Reddy, V. Chernenko, P. Müllner, A. Punnoose und M. Ohtsuka. Ferromagnetic resonance properties and anisotropy of Ni-Mn-Ga thin films of different thicknesses deposited on Si substrate. *Journal of Applied Physics* **105**, 07A942 (2009)

[Got07] G. Gottstein. *Physikalische Grundlagen der Materialkunde.* Springer-Verlag Berlin Heidelberg (2007)

[Gul08] J. M. Guldbakke, K. Rolfs, A. Mecklenburg, J. Hesselbach, A. Raatz und R. Schneider. A miniaturized gripper driven by a magnetic shape memory single crystal actuator. *Actuator 08, Conference Proceedings* , 880 (2008)

[Haa84] P. Haasen. *Physikalische Metallkunde.* Springer-Verlag Berlin (1984)

[Hak04] A. Hakola, O. Heczko, A. Jaakola, T. Kajava und K. Ullakko. Ni-Mn-Ga films on Si, GaAs and Ni-Mn-Ga single crystals by pulsed laser deposition. *Applied Surface Science* **238**, 155 (2004)

[Hec03a] O. Heczko und L. Straka. Temperature dependence and temperature limits of magnetic shape memory effect. *Journal of Applied Physics* **94**, 7139 (2003)

[Hec03b] O. Heczko, L. Straka und K. Ullakko. Relation between structure, magnetization process and magnetic shape memory effect of various martensites occuring in Ni-Mn-Ga alloys. *Journal de Physique IV* **112**, 959 (2003)

[Hec04] O. Heczko und L. Straka. Compositional dependence of structure, magnetization and magnetic anisotropy in Ni-Mn-Ga magnetic shape memory alloys. *Journal of Magnetism and Magnetic Materials* **272**, 2045 (2004)

[Hec08a] O. Heczko, A. Soroka und S. P. Hannula. Magnetic shape memory effect in thin foils. *Applied Physics Letters* **93**, 022503 (2008)

[Hec08b] O. Heczko, M. Thomas, J. Buschbeck, L. Schultz und S. Fähler. Epitaxial Ni-Mn-Ga films deposited on $SrTiO_3$ and evidence of magnetically induced reorientation of martensitic variants at room temperature. *Applied Physics Letters* **92**, 072502 (2008)

[Hec09] O. Heczko, N. Scheerbaum und O. Gutfleisch. Magnetic Shape Memory Phenomena. In J. P. Liu, E. Fullerton, O. Gutfleisch und D.J. Sellmyer (Eds.), *Nanoscale Magnetic Materials and Applications* 399. Springer US (2009)

[Her03] M. A. Herman, W. Richter und H. Sitter. *Epitaxy - Physical Principles and Technical Implementation.* Springer-Verlag Berlin (2003)

[Heu03] F. Heusler. Über magnetische Manganlegierungen. In *Verhandlungen der Deutschen Physikalischen Gesellschaft*, Band 5 219 (1903)

[Hor07] I. Horcas, R. Fernandez, J. M. Gomez-Rodriguez, J. Colchero, J. Gomez-Herrero und A. M. Baro. WSXM: A software for scanning probe microscopy and a tool for nanotechnology. *Review of Scientific Instruments* **78**, 013705 (2007)

[HR69] W. Hume-Rothery, R. E. Smallman und C. W. Haworth. *The structure of metals and alloys.* The Metals and Metallurgy Trust of the Institute of Metals and the Institution of Metallurgists, London, 5 Aufl. (1969)

[Hür09] C. Hürrich, H. Wendrock, M. Pötschke, U. Gaitzsch, S. Roth, B. Rellinghaus und L. Schultz. Analysis of variant orientation before and after compression in polycrystalline $Ni_{50}Mn_{29}Ga_{21}$ MSMA. *Journal of Materials Engineering and Performance* **18**, 554 (2009)

[Int11a] International Center for Diffraction Data. *PDF Nummer: 00-004-0784* (2011)

[Int11b] International Center for Diffraction Data. *PDF-Nummer: 00-004-0829* (2011)

[Int11c] International Center for Diffraction Data. *PDF-Nummer: 00-005-0628* (2011)

[Int11d] International Center for Diffraction Data. *PDF Nummer: 00-006-0694* (2011)

[Int11e] International Center for Diffraction Data. *PDF-Nummer: 00-050-1518* (2011)

[Jak07] G. Jakob, T. Eichhorn, M. Kallmayer und H. J. Elmers. Correlation of electronic structure and martensitic transition in epitaxial Ni_2MnGa films. *Physical Review B* **76**, 174407 (2007)

[Jen08] C. A. Jenkins, R. Ramesh, M. Huth, T. Eichhorn, P. Porsch, H. J. Elmers und G. Jakob. Growth and magnetic control of twinning structure in thin films of Heusler shape memory compound Ni_2MnGa. *Applied Physics Letters* **93**, 234101 (2008)

[Kar10] S. O. Kart und T. Cagin. Elastic properties of Ni_2MnGa from first-principles calculations. *Journal of Alloys and Compounds* **508**, 177 (2010)

[Kau10] S. Kaufmann, U. K. Rößler, O. Heczko, M. Wuttig, J. Buschbeck, L. Schultz und S. Fähler. Adaptive modulations of martensites. *Physical Review Letters* **104**, 145702 (2010)

[Kau11] S. Kaufmann, R. Niemann, T. Thersleff, U. K. Rößler, O. Heczko, J. Buschbeck, B. Holzapfel, L. Schultz und S. Fähler. Modulated martensite: why it forms and why it deforms easily. *New Journal of Physics* **13**, 053029 (2011)

[Kha91] A. G. Khachaturyan, S. M. Shapiro und S. Semenovskaya. Adaptive phase formation in martensitic transformation. *Physical Review B* **43**, 10832 (1991)

[Khe08] F. Khelfaoui, M. Kohl, J. Buschbeck, O. Heczko, S. Fähler und L. Schultz. A fabrication technology for epitaxial Ni-Mn-Ga microactuators. *European Physical Journal - Special Topics* **158**, 167 (2008)

[Khe10] F. Khelfaoui, M. Kohl, V. Szabo, A. Mecklenburg und R. Schneider. Development of single crystalline Ni-Mn-Ga foil microactuators. *ICOMAT 2008, Conference Proceedings* , 215 (2010)

[Kit46] C. Kittel. Theory of the structure of ferromagnetic domains in films and small particles. *Physical Review* **70**, 965 (1946)

[Koh92] R. V. Kohn und S. Müller. Branching of twins near an austenite twinned-martensite interface. *Philosophical Magazine A* **66**, 697 (1992)

[Koh06] M. Kohl, A. Agarwal, V. A. Chernenko, M. Ohtsuka und K. Seemann. Shape memory effect and magnetostriction in polycrystalline Ni-Mn-Ga thin film microactuators. *Materials Science and Engineering A* **438**, 940 (2006)

[Kre05] T. Krenke, E. Duman, M. Acet, E. F. Wassermann, X. Moya, L. Manosa und A. Planes. Inverse magnetocaloric effect in ferromagnetic Ni-Mn-Sn alloys. *Nature Materials* **4**, 450 (2005)

[Lan35] L. Landau und E. Lifshits. On the theory of the dispersion of magnetic permeability in ferromagnetic bodies. *Physikalische Zeitschrift der Sowjetunion* **8**, 153 (1935)

[Lan04] N. Lanska, O. Söderberg, A. Sozinov, Y. Ge, K. Ullakko und V. K. Lindroos. Composition and temperature dependence of the crystal structure of Ni-Mn-Ga alloys. *Journal of Applied Physics* **95**, 8074 (2004)

[Laz11] P. Lazpita, J. M. Barandiaran, J. Gutierrez, J. Feuchtwanger, V. A. Chernenko und M. L. Richard. Magnetic moment and chemical order in off-stoichiometric Ni-Mn-Ga ferromagnetic shape memory alloys. *New Journal of Physics* **13**, 033039 (2011)

[Lei11] P. Leicht, A. Laptev, M. Fonin, Y. Luo und K. Samwer. Microstructure and atomic configuration of the (001)-oriented surface of epitaxial Ni-Mn-Ga thin films. *New Journal of Physics* **13**, 033021 (2011)

[Luo11] Y. S. Luo, P. Leicht, A. Laptev, M. Fonin, U. Rudiger, M. Laufenberg und K. Samwer. Effects of film thickness and composition on the structure and martensitic transition of epitaxial off-stoichiometric Ni-Mn-Ga magnetic shape memory films. *New Journal of Physics* **13**, 013042 (2011)

[Mar95] V. V. Martynov. X-ray diffraction study of thermally and stress-induced phase transformations in single crystalline Ni-Mn-Ga alloys. *Journal de Physique IV* **5**, C8–91 (1995)

[Mar03] M. A. Marioni, R. C. O'Handley und S. M. Allen. Pulsed magnetic field-induced actuation of Ni-Mn-Ga single crystals. *Applied Physics Letters* **83**, 3966 (2003)

[Mül02] P. Müllner, V. A. Chernenko, M. Wollgarten und G. Kostorz. Large cyclic deformation of a Ni-Mn-Ga shape memory alloy induced by magnetic fields. *Journal of Applied Physics* **92**, 6708 (2002)

[Mül08] P. Müllner und G. Kostorz. Microstructure of magnetic shape-memory alloys: Between magnetoelasticity and magnetoplasticity. *Materials Science Forum* **583**, 43 (2008)

[Mül10] P. Müllner und A. H. King. Deformation of hierarchically twinned martensite. *Acta Materialia* **58**, 5242 (2010)

[Mur00] S. J. Murray, M. Marioni, S. M. Allen, R. C. O'Handley und T. A. Lograsso. 6 % magnetic-field-induced strain by twin boundary motion in ferromagnetic Ni-Mn-Ga. *Applied Physics Letters* **77**, 886 (2000)

[Nie12] R. Niemann, L. Schultz und S. Fähler. Growth of sputter-deposited metamagnetic epitaxial Ni-Co-Mn-In films. *Journal of Applied Physics* **111**, 093909 (2012)

[Ohb05] T. Ohba, N. Miyamoto, K. Fukuda, T. Fukuda, T. Kakeshita und K. Kato. Fundamental structure of a Ni_2MnGa intermediate phase having an orthorhombic lattice. *Smart Materials & Structures* **14**, S197 (2005)

[Ohr92] M. Ohring. *The material science of thin films.* Academic Press (1992)

[Ots98] K. Otsuka und C. M. Wayman (Eds.). *Shape Memory Materials.* Cambridge University Press (1998)

[Par97] S. E. Park und T. R. Shrout. Ultrahigh strain and piezoelectric behavior in relaxor based ferroelectric single crystals. *Journal of Applied Physics* **82**, 1804 (1997)

[Pin12] V. Pinneker, R. Yin, C. Eberl, A. Sozinov, Y. Ezer und M. Kohl. Evolution of local strain bands of different orientation in single crystalline Ni-Mn-Ga foils under tension. *Journal of Alloys and Compounds* , in press (2012). DOI: 10.1016/j.jallcom.2012.03.004

[Pon00] J. Pons, V. A. Chernenko, R. Santamarta und E. Cesari. Crystal structure of martensitic phases in Ni-Mn-Ga shape memory alloys. *Acta Materialia* **48**, 3027 (2000)

[Pör08] P. Pörsch, M. Kallmayer, T. Eichhorn, G. Jakob, H. J. Elmers, C. A. Jenkins, C. Felser, R. Ramesh und M. Huth. Suppression of martensitic phase transition at the Ni_2MnGa film surface. *Applied Physics Letters* **93**, 022501 (2008)

[Rhy68] J. J. Rhyne, S. Foner, E. J. McNiff und R. Doclo. Rare earth metal single crystals. I. High-field properties of Dy, Er, Ho, Tb and Gd. *Journal of Applied Physics* **39**, 892 (1968)

[Rig07] L. Righi, F. Albertini, L. Pareti, A. Paoluzi und G. Calestani. Commensurate and incommensurate 5M modulated crystal structures in Ni-Mn-Ga martensitic phases. *Acta Materialia* **55**, 5237 (2007)

[Rig08] L. Righi, F. Albertini, E. Villa, A. Paoluzi, G. Calestani, V. Chernenko, S. Besseghini, C. Ritter und F. Passaretti. Crystal structure of 7M modulated Ni-Mn-Ga martensitic phase. *Acta Materialia* **56**, 4529 (2008)

[Roy93] A. L. Roytburd. Elastic domains and polydomain phases in solids. *Phase Transitions* **45**, 1 (1993)

[Sab84] T. Saburi, M. Yoshida und S. Nenno. Deformation-behavior of shape memory Ti-Ni alloy crystals. *Scripta Metallurgica* **18**, 363 (1984)

[Smi76] C. J. Smithells und Brandes E. A. (Eds.). *Metals Reference Book*. Butterworths (1976)

[Söd04] O. Söderberg, L. Straka, V. Novak, O. Heczko, S. P. Hannula und V. K. Lindroos. Tensile/compressive behaviour of non-layered tetragonal $Ni_{52.8}Mn_{25.7}Ga_{21.5}$ alloy. *Materials Science and Engineering A* **386**, 27 (2004)

[Soz01] A. Sozinov, A. A. Likhachev und K. Ullakko. Magnetic and magnetomechanical properties of Ni-Mn-Ga alloys with easy axis and easy plane of magnetization. *Smart Structures and Materials 2001: Active Materials: Behavior and Mechanics* **4333**, 189 (2001)

[Soz02] A. Sozinov, A. A. Likhachev, N. Lanska und K. Ullakko. Giant magnetic-field-induced strain in NiMnGa seven-layered martensitic phase. *Applied Physics Letters* **80**, 1746 (2002)

[Soz04] A. Sozinov, A. A. Likhachev, N. Lanska, O. Soderberg, K. Ullakko und V. K. Lindroos. Stress- and magnetic-field-induced variant rearrangement in Ni-Mn-Ga single crystals with seven-layered martensitic structure. *Materials Science and Engineering A* **378**, 399 (2004)

[Str08] L. Straka, O. Heczko und H. Hänninen. Activation of magnetic shape memory effect in Ni-Mn-Ga alloys by mechanical and magnetic treatment. *Acta Materialia* **56**, 5492 (2008)

[Str10] L. Straka, N. Lanska, K. Ullakko und A. Sozinov. Twin microstructure dependent mechanical response in Ni-Mn-Ga single crystals. *Applied Physics Letters* **96**, 131903 (2010)

[Str11a] L. Straka, H. Hänninen, N. Lanska und A. Sozinov. Twin interaction and large magnetoelasticity in Ni-Mn-Ga single crystals. *Journal of Applied Physics* **109**, 063504 (2011)

[Str11b] L. Straka, O. Heczko, H. Seiner, N. Lanska, J. Drahokoupil, A. Soroka, S. Fähler, H. Hänninen und A. Sozinov. Highly mobile twinned interface in 10M modulated Ni-Mn-Ga martensite: Analysis beyond the tetragonal approximation of lattice. *Acta Materialia* **59**, 7450 (2011)

[Tec09] R. Techapiesancharoenkij, J. Kostamo, S. M. Allen und R. C. O'Handley. Frequency response of acoustic-assisted Ni-Mn-Ga ferromagnetic-shape-memory-alloy actuator. *Journal of Applied Physics* **105**, 093923 (2009)

[Tel02] P. G. Tello, F. J. Castano, R. C. O'Handley, S. M. Allen, M. Esteve, F. Castano, A. Labarta und X. Batlle. Ni-Mn-Ga thin films produced by pulsed laser deposition. *Journal of Applied Physics* **91**, 8234 (2002)

[Tho08a] M. Thomas, O. Heczko, J. Buschbeck, U. K. Rößler, J. McCord, N. Scheerbaum, L. Schultz und S. Fähler. Magnetically induced reorientation of martensite variants in constrained epitaxial Ni-Mn-Ga films grown on MgO(001). *New Journal of Physics* **10**, 023040 (2008)

[Tho08b] M. Thomas, O. Heczko, J. Buschbeck, L. Schultz und S. Fähler. Stress induced martensite in epitaxial Ni-Mn-Ga films deposited on MgO(001). *Applied Physics Letters* **92**, 192515 (2008)

[Tho09] M. Thomas, O. Heczko, J. Buschbeck, Y. W. Lai, J. McCord, S. Kaufmann, L. Schultz und S. Fähler. Stray-field-induced actuation of free-standing magnetic shape-memory films. *Advanced Materials* **21**, 3708 (2009)

[Tic99] R. Tickle und R. D. James. Magnetic and magnetomechanical properties of Ni_2MnGa. *Journal of Magnetism and Magnetic Materials* **195**, 627 (1999)

[Til11] J. Tillier, D. Bourgault, P. Odier, L. Ortega, S. Pairis, O. Fruchart, N. Caillault und L. Carbone. Tuning macro-twinned domain sizes and the b-variants content of the adaptive 14-modulated martensite in epitaxial Ni-Mn-Ga films by co-sputtering. *Acta Materialia* **59**, 75 (2011)

[Ull96] K. Ullakko, J. K. Huang, C. Kantner, R. C. OHandley und V. V. Kokorin. Large magnetic-field-induced strains in Ni_2MnGa single crystals. *Applied Physics Letters* **69**, 1966 (1996)

[Web84] P. J. Webster, K. R. A. Ziebeck, S. L. Town und M. S. Peak. Magnetic order and phase-transformation in Ni_2MnGa. *Philosophical Magazine B* **49**, 295 (1984)

[Wec53] M. S. Wechsler, D. S. Lieberman und T. A. Read. On the theory of the formation of martensite. *Transactions of the American Institute of Mining and Metallurgical Engineers* **197**, 1503 (1953)

[Yed10] S. R. Yeduru, A. Backen, S. Fähler, L. Schultz und M. Kohl. Large superplastic strain in non-modulated epitaxial Ni-Mn-Ga films. *Physics Procedia* **10**, 162 (2010)

[Yed12] S. R. Yeduru, A. Backen, C. Kübel, D. Wang, T. Scherer, S. Fähler, L. Schultz und M. Kohl. Microstructure of free-standing epitaxial Ni-Mn-Ga films before and after variant reorientation. *Scripta Materialia* **66**, 566 (2012)

[Zha09] Y. Zhang, R. A. Hughes, J. F. Britten, W. Gong, J. S. Preston, G. A. Botton und M. Niewczas. Epitaxial Ni-Mn-Ga films derived through high temperature in situ depositions. *Smart Materials & Structures* **18**, 025019 (2009)

Eigene Veröffentlichungen

[1] **A. Backen**, R. Niemann, S. Kaufmann, J. Buschbeck, L. Schultz und S. Fähler. The effect of post annealing on structure, microstructure and magnetic properties of thin Ni-Mn-Ga films. *ESOMAT 2009, Conference Proceedings*, 04002 (2009)

[2] S. R. Yeduru, **A. Backen**, S. Fähler, A. Diestel, L. Schultz und M. Kohl. Sacrificial layer technology - A route towards freestanding Ni-Mn-Ga films. *Actuator 2010, Conference Proceedings*, 765 (2010)

[3] M. Kohl, Y. S. Reddy, F. Khelfaoui, B. Krevet, **A. Backen**, S. Fähler, T. Eichhorn, G. Jakob, A. Mecklenburg. Recent progress in FSMA microactuator developments. *Materials Science Forum* **635**, 145 (2010)

[4] S. R. Yeduru, **A. Backen**, S. Fähler, L. Schultz und M. Kohl. Large superplastic strain in non-modulated epitaxial Ni-Mn-Ga films. *Physics Procedia* **10**, 162 (2010)

[5] **A. Backen**, S. R. Yeduru, M. Kohl, S. Baunack, A. Diestel, B. Holzapfel, L. Schultz und S. Fähler. Comparing properties of substrate-constrained and freestanding epitaxial Ni-Mn-Ga films. *Acta Materialia* **58**, 3415 (2010)

[6] A. Diestel, **A. Backen**, U. K. Rößler, L. Schultz und S. Fähler. Twin boundary energy of hierarchically twinned magnetic shape memory alloys. *Applied Physics Letters* **99**, 092512 (2011)

[7] S. Kauffmann-Weiss, M. E. Gruner, **A. Backen**, L. Schultz, P. Entel und S. Fähler. Magnetic nanostructures by adaptive twinning in strained epitaxial films. *Physical Review Letters* **107**, 206105 (2011)

[8] S. R. Yeduru, **A. Backen**, C. Kübel, D. Wang, T. Scherer, S. Fähler, L. Schultz und M. Kohl. Microstructure of free-standing epitaxial Ni-Mn-Ga films before and after variant reorientation. *Scripta Materialia* **66**, 566 (2012)

[9] **A. Backen**, S. R. Yeduru, A. Diestel, L. Schultz, M. Kohl und S. Fähler. Epitaxial Ni-Mn-Ga films for magnetic shape memory alloy microactuators. *Advanced Engineering Materials* **14**, 696 (2012)

[10] A. Diestel, **A. Backen**, V. Neu, L. Schultz und S. Fähler. Magnetic domain structure of epitaxial Ni-Mn-Ga films. *Scripta Materialia* **67**, 423 (2012)

[11] M. Schmitt, **A. Backen**, S. Fähler und M. Kohl. Freely movable ferromagnetic shape memory nanostructures for actuation. *Microelectronic Engineering* **98**, 536 (2012)

[12] S. R. Yeduru, **A. Backen**, S. Fähler, L. Schultz und M. Kohl. Transformation behaviour of freestanding epitaxial Ni-Mn-Ga films. *Journal of Alloys and Compounds*, in press (2012), DOI: 10.1016/j.jallcom.2012.02.151

[13] M. Schmitt, **A. Backen**, S. Fähler und M. Kohl. Development of ferromagnetic shape memory nanoactuators. *12th International Conference on Nanotechnology (IEEE-NANO), Conference Publication* (2012)

[14] A. Diestel, V. Neu, **A. Backen**, L. Schultz und S. Fähler. Magnetic domain pattern in hierarchically twinned epitaxial Ni-Mn-Ga films. *Journal of Physics: Condensed Matter* **25**, 266002 (2013)

Danksagung

Geschafft! An dieser Stelle möchte ich allen danken, die zum Gelingen dieser Arbeit beigetragen haben, sei es durch fachliche Diskussionen, praktische Mithilfe oder moralische Unterstützung.

Als erstes bedanke ich mich bei meinem Doktorvater Prof. Ludwig Schultz, der schon im Studium mein Interesse an Magnetismus geweckt und seitdem gefördert hat. Vielen Dank für die uneingeschränkte Unterstützung und das Interesse an meiner Arbeit.

Ich danke Prof. Jeffrey McCord für das Interesse an meiner Arbeit und für die Übernahme des Zweitgutachtens.

Großer Dank gilt meinem Betreuer Dr. Sebastian Fähler, der mir durch zahlreiche Diskussionen, Theorien und Denkanstöße oft den richtigen Weg weisen konnte. Vielen Dank für das ausführliche Beantworten meiner vielen Fragen und die Veranschaulichung mithilfe der geliebten Papiermodelle, die schnellen Lösungen bei allen Programmierproblemen, die Hilfe beim Überwinden sputtertechnischer Hürden und dafür, dass sich das Raufen der Haare doch in Grenzen hielt.

Prof. Bernhard Holzapfel möchte ich für das Schaffen einer angenehmen Arbeitsatmosphäre und den wissenschaftlichen Freiraum in Abteilung $24{,}5 \pm 1{,}5$ danken.

Diese Arbeit entstand im Rahmen des Schwerpunktprogramms SPP1239 in enger Zusammenarbeit mit dem Karlsruhe Institut für Technologie. Ich danke Dr. Manfred Kohl und Srinivasa Yeduru Reddy für die gute Zusammenarbeit, das Ablösen meiner Schichten vom Substrat sowie die Durchführung der Spannungs-Dehnungs-Messungen. Des Weiteren danke ich der DFG für die Förderung des Projektes.

Ich danke der gesamten MSM-Gruppe für die tolle Zusammenarbeit und den Zusammenhalt, die Kammerfreitage mit stilvoller musikalischer Umrahmung, die gegenseitige Motivation und den Spaß zwischendurch. Großer Dank geht an Sandra Kauffmann-Weiß für die nicht endende Geduld beim Suchen von Zwillingsgrenzen im REM, wobei viele künstlerisch wertvolle Bilder entstanden sind und für das Näherbringen der neuen Fremdsprache KW. Ich danke meinem Büromitbewohner Robert Niemann für die mal mehr mal weniger guten Sprüche, die unzähligen Erklärungen der vielfältigen Martensittheorie und die Berechnung der Röntgendaten, die unglaubliche Kreativität beim Verfassen von Abstracts sowie die gemeinsamen Neustadtausflüge. Es war einfach herrlich! Ein besonderer Dank geht auch an Anett Diestel, deren Entwicklung zum AFM-MFM-Guru als HiWi begann und über den Großen Beleg zur Diplomarbeit und darüber hinaus führte. Vielen Dank für die vielen Stunden im Keller, das kritische Lesen der Arbeit und die gemeinsame Verbesserung des Round-House-Kicks. Bei Christian Behler bedanke ich mich für die TEM-Aufnahmen und die unermüdliche Suche nach der Modulation. Ich bedanke mich bei Stefan Kaufmann für die Unterstützung bei meinen ersten Schritten in der MSM-Dünnschicht-Sputter-Welt und für das Konzept des adaptiven Martensits 1.0. Mein Dank gilt auch Dr. Jörg Buschbeck, Andreas Gang, Thomas Schied, Sascha Balakin und Ulrike Besold für die helfenden Hände im Labor und unserer Chef-Organisatorin Svea Fleischer.

Ich möchte Dr. Stefan Baunack für die Durchführung der AES-Messungen danken. Desweiteren gilt mein Dank Dr. Sabine Wurmehl und Michael Frey für die Unterstützung bei der Herstellung der Ni-Mn-Ga-Targets. Ich danke der Forschungstechnik des IFW Dresden für die Hilfe beim Aufbau des Trainingsmessstandes.

Für die viele kleinen Aufmunterungen im Laboralltag, die schönen Momente nach Feierabend und die mehr oder weniger fachlichen Gespräche danke ich der gesamten Mittagsrunde, der Kaffeerunde, der Cachergroßfamilie, der Fliegergemeinde, dem IFW-Chor und der Löbtauer Skatrunde, die auch Plauen als Stadtteil duldet. Ein großer Dank geht an Stefan Hameister für das Basteln der adaptiven Zelle mittels Solid Works und außerdem dafür, dass er mir den Unterschied zwischen Permanent- und White-Board-Marker verdeutlicht hat. Ganz besonders danke ich Anja Kießling für die ABBA-Abende und die mehr oder weniger erfolgreichen Städtereisen. Des Weiteren gilt mein Dank dem Planzwerg Dr. Marko Hermann, Maria Sparing, Jan Engelmann, Thomas Freudenberg, Dr. Jens Hänisch, Dr. Ruben Hühne, Claudia Patschureck, Juliane Thielsch und Dr. Norbert Martin. Ich danke Dr. Ania Kario, Manuela Erbe, Dr. Kazumasa Iida, Juliane Scheiter, Dr. Vadim Grinenko und Eli Klein für die vielen Sonderseminare. Mein Dank gilt außerdem Dorothee Hänig, Christina Pohlkamp, Jens Everding und Theresa Förster.

Mein größter Dank allerdings gilt meiner gesamten Familie, die mich seit dem Studium stets unterstützt hat. Vielen Dank für den Halt, die Aufmunterungen und die stetige Motivation.